W0175520

Pascual Jordan
Erkenntnis und Besinnung

Pascual Jordan

Erkenntnis und Besinnung

Grenzbetrachtungen aus
naturwissenschaftlicher Sicht

Stalling

© 1972 Gerhard Stalling Verlag, Oldenburg und Hamburg
Schutzumschlag von Thomas Bonnie
Gesamtherstellung Stalling AG, Oldenburg
ISBN 3 7979 1937 9

Wilhelm Westphal
in alter Freundschaft
gewidmet

Vorwort

Die Physik gehört zu den ältesten Kapiteln der Naturwissenschaft; aber zugleich ist sie noch immer eines der jüngsten, der lebendigsten, im Wachsen und Werden begriffenen. Die im vorliegenden Buch vereinigten Aufsätze und Vortragstexte haben trotz sonstiger Mannigfaltigkeit der Themen einen gemeinsamen Zug darin, daß sie diese Lebendigkeit sichtbar zu machen versuchen.

Eine enge Beziehung besteht aber auch zu meinem früheren Buch »Schöpfung und Geheimnis«, in dessen Rahmen ich bereits meine skeptische Beurteilung der »exobiologischen Hypothese« ausgesprochen hatte. Dieses Sonderthema scheint mir wichtig genug, es auch hier noch einmal zur Sprache zu bringen — zumal es neuestens durch den berühmten englischen Physiker P. A. M. Dirac zu erhöhter Aktualität geführt worden ist, der 1971 bei der Lindauer Tagung von Nobelpreisträgern zum Schluß eines Vortrages über Grundfragen der Physik sagte:

»Nun möchte ich damit schließen, einige Minuten noch über andere fundamentale Dinge zu sprechen. Frage 4: Gibt es einen Gott? Dies ist eine Frage, die die Menschheit seit undenklichen Zeiten interessiert, die Menschen haben sie beantwortet, und manchmal denke ich, daß es sehr wichtig ist, die richtige Antwort darauf zu finden. Aber sie haben diese Frage immer nur vom Standpunkt des Glaubens oder allgemeiner philosophischer Prinzipien aus gestellt.

Ich möchte nun diese Frage vom Standpunkt eines Physikers aus behandeln und zu zeigen versuchen, wie ein Physiker eine solche Frage beantworten sollte.«

Ich will jetzt dieses Zitat nicht verlängern, sondern eine kurze Inhaltsangabe zu Diracs Ausführungen versuchen. Dirac erläutert seine Auffassung, daß die Gottesfrage für den Physiker weitgehend äquivalent sei mit folgender Frage: Entstand das organische Leben, wie wir es empirisch kennen, aus einem Start-Vorgang, der als ein recht wahrscheinlicher Vorgang zu beurteilen wäre — so daß man schließen würde, daß auch auf zahlreichen anderen Planeten im Kosmos der gleiche Vorgang eingetreten und somit das organische Leben eine im Weltall verhältnismäßig häufig anzutreffende Erscheinung wäre? Oder war im Gegenteil der Startvorgang der Lebensentwicklung auf der Erde ein Vorgang von sehr geringer Wahrscheinlichkeit, die beispielsweise die ungefähre Größe 10^{-100} gehabt haben könnte? Diracs Überzeugung ist die, daß die erste der erwogenen Möglichkeiten, wenn ihre Richtigkeit zu beweisen wäre, gegen die Existenz eines göttlichen Schöpfers sprechen würde; daß hingegen die zweite von ihm formulierte Möglichkeit ein starkes Argument für eine bejahende Beantwortung der Gottesfrage bedeuten würde.

In meinen eigenen Ausführungen zu dieser Thematik will ich nicht darauf eingehen, ob man der Diracschen Präzisierung der Gottesfrage zustimmen sollte oder nicht. Jedoch möchte ich darauf hinweisen, daß ich gerade der von Dirac präzisierten naturwissenschaftlichen Frage seit langen Jahren Aufmerksamkeit gewidmet habe, und daß ich glaube, wichtige Argumente hinsichtlich ihrer wahrscheinlich der Wahrheit entsprechenden Beantwortung zu sehen. Es scheint mir bei sorgfältiger Erwägung der schon heute bekannten Tatsachen — das terrestrische Leben betreffend — kaum ein Zweifel möglich, daß tatsächlich der Beginn der Lebensentwicklung das Hindernis einer extrem geringen Wahrscheinlichkeit zu überwinden hatte. Das Hauptargument hierfür habe ich schon 1943 in einem Vortrag in Straßburg erläutert.

P. Jordan

1. Neopositivismus und physikalische Erkenntnistheorie

Das Wort »Positivismus« wird heute viel gebraucht, und zwar fast ausschließlich im negativen, abweisenden Sinne. Würde die heutige wissenschaftliche und philosophische Literatur von einem unbefangenen, mit den geistesgeschichtlichen Voraussetzungen des heutigen Zustands wenig bekannten Leser des Jahres 2000 geprüft werden, so würde dieser vielleicht nur aus der Häufigkeit der diesbezüglichen Erwähnungen negativen Inhalts den Eindruck entnehmen können, daß es sich irgendwie doch um eine keineswegs unwichtige Sache handeln muß.

Das Verwirrende der Sachlage wird gesteigert dadurch, daß dies Wort in sehr verschiedenen Bedeutungen gebraucht wird, die zum Teil kaum eine engere Beziehung erkennen lassen: Was z. B. Juristen oder Geschichtswissenschaftler mit »Positivismus« meinen, hat jedenfalls wenig oder gar nichts mit dem zu tun, was etwa *Physiker* mit diesem — auch von ihnen häufig gebrauchten — Worte zu bezeichnen pflegen. Da in der Überschrift des vorliegenden Aufsatzes bereits auf die physikalische Erkenntnistheorie hingewiesen ist, so wollen wir unsere Aufgabe begrenzen auf eine Erörterung dessen, was Physiker unter Positivismus verstehen — was das gleiche Wort für verschiedene Zweige der Geisteswissenschaften bedeuten mag, soll hier nicht besprochen werden — abgesehen von der schon gemachten Bemerkung, daß es sich dabei jedenfalls um etwas völlig anderes handelt.

Auch soll den geschichtlichen Zusammenhängen mit den philosophischen Bemühungen Comtes, des Begründers des »Positivismus«, hier nicht nachgegangen werden. Schon die Unterstreichung von Neo-Positivismus deutet unsere Absicht an, auf Rückgriff in geschichtliche Vergangenheit weitgehend zu verzichten. Andererseits soll das »Neo« in unserer Überschrift uns nicht verpflichten, sehr ausführlich auf jene späteren Verfasser einzugehen, welche die Gedankengänge Machs weiter entwickelt haben — vor allem M. Schlick und R. Carnap. Schließlich soll auch die Beziehung des Begriffes »Positivismus« zum weltanschaulich-politischen Bereich hier außer Betracht bleiben.

Diese letztere Bemerkung wollte ich deshalb anbringen und unterstreichen, weil die kritische Gegenstellung vieler heutiger Verfasser zum Positivismus (wie sie sich ihn bei Benutzung dieses Wortes denken) die Form annimmt, daß sie »Positivismus« gleichsetzen mit »Materialismus« und dann aus einer Gegnerschaft zum letzteren die Notwendigkeit einer Bekämpfung oder »Überwindung« des ersteren folgern.

Daß hierin erhebliche Mißverständnisse mitspielen, wird durch eine keineswegs wenig bekannte, aber jedenfalls wenig beachtete Tatsache beleuchtet. Lenin — also ein Verfasser, dessen Kennerschaft in bezug auf materialistische Philosophie nicht geleugnet werden kann — hat 1909 ein Buch veröffentlicht, das unter dem Titel »Materialismus und Empiriokritizismus« eine scharfe Unterscheidung von »echtem« Materialismus und dem von ihm nach Avenarius als »Empiriokritizismus« bezeichneten Positivismus machte. Es hatte sich zu damaliger Zeit eine Gruppe von Verfassern zusammengefunden, welche sich als Träger und Fortentwickler positivistischen Gedankengutes fühlten und welche großenteils mit politischen Bestrebungen sozialistischer und materialistischer Art sympathisierten. Lenin hielt es für dringlich, dieser Gruppe eine Absage zu erteilen. Er kennzeichnete ihre Bestrebungen als schärfsten Gegensatz und gefährlichste Gegnerschaft zur materialistischen Philosophie.

Auch die hiermit angedeutete Abgrenzung des Themas dieses Aufsatzes gegenüber der politischen Welt wollen wir auf eine bloße Andeutung beschränkt bleiben lassen, und nun dem Thema im Rahmen seiner angedeuteten Abgrenzungen unsere Betrachtung widmen.

Was *Physiker* mit der Bezeichnung »Positivismus« zu meinen pflegen, kann zunächst einmal so ausgedrückt werden, daß die

Physiker gern diejenigen erkenntnistheoretischen Auffassungen hiermit benennen, welche von Ernst Mach in mehreren Büchern erläutert worden sind, und welche von Kirchhoff meines Wissens nur in einer kurzen Bemerkung (die aber berühmt geworden ist) bekenntnishaft ausgedrückt wurde. Kirchhoffs Bemerkung ist von hoher Bedeutung geworden für die (in Deutschland seinerzeit nur langsam zum Durchbruch gekommene) Anerkennung der Maxwellschen Theorie der elektromagnetischen Felder. Machs Wirken hat dem Verständnis der Einsteinschen Relativitätstheorie machtvoll vorgearbeitet — aber er selber hat später eine geistige Mitverantwortung für diese revolutionären Gedankengänge abgelehnt. Einstein hat nachdrücklich bekannt, daß er in jungen Jahren von Mach stark beeindruckt war, später aber zu einer Ablehnung kam, weil er Machs Verurteilung der Atomvorstellung als Ausdruck eines ernstlichen Mangels an physikalischem Urteilsvermögen ansah — Einstein selber war ja im ersten Abschnitt seines Schaffens führend in der Begründung empirischer Beweise für die Richtigkeit der Atomvorstellung. Ausführlich berichte ich darüber in meinem 1969 erschienenen Buch: A. Einstein. Sein Lebenswerk und die Zukunft der Physik. (Frauenfeld, Schweiz.)

Neben Einsteins Definition der (relativierten) Gleichzeitigkeit, die ich im folgenden (nach erfolgter Würdigung der Maxwellschen Theorie und der Kirchhoffschen Bemerkung) als einen der Höhepunkte erkenntnistheoretischer Klarheit im Geiste Machs zu schildern versuchen möchte, will ich später als einen ähnlichen Höhepunkt Heisenbergs Begründung der Quantenmechanik zur Erläuterung der Machschen Erkenntnistheorie benutzen: In beiden Beispielen, so scheint mir, tritt die befreiende Kraft der Machschen Denkweise (und ihre Unentbehrlichkeit in physikgeschichtlichen Sachlagen von bedrückend erschienener Art) deutlich hervor. Jedoch ist mir nicht bekannt geworden, daß Heisenberg sich selber zu Mach ausdrücklich geäußert hätte. Von Max Born hingegen ist mir deutlich in Erinnerung, daß er Machs Gedankengänge (sie wohl etwas verändernd interpretierend) gern als abwegig bezeichnet und zum Zielpunkt scharfer Kritik gemacht hat. Max Planck als Anhänger einer betont idealistischen Philosophie stand den Auffassungen Machs sehr fern und war übrigens in jüngeren Jahren in eine heftige Polemik mit ihm verwickelt, wobei, wie in Einsteins späterer Ablehnung Machs, dessen kritische Einstellung zur Atomhypothese eine Rolle spielte. Übrigens hat der bedeutende Otto Stern mir noch gegen Ende seines Lebens erzählt, einer seiner alten Lehrer habe ihm später einmal gesagt: »Bei mir würden Sie als Anhänger der Atomhypothese durch das Examen gefallen sein«; ein Anzeichen dafür, wie nachhaltig die von E. Mach und W. Ostwald um die Jahrhundertwende begründete Ablehnung der Atomvorstellung auf viele Zeitgenossen gewirkt hat.

Man kann in älteren Physikbüchern oft Bemerkungen wie diese finden: »Wir kennen nur die *Wirkung* der Elektrizität, aber nicht das *Wesen* der Elektrizität.« Machs erkenntnistheoretische Lehren liefen darauf hinaus, solche Äußerungen als sinnwidrig zu erkennen und damit die physikalische Forschung auf den richtigen Weg der *physikalischen Fragestellung* zu verweisen. Der zitierte Satz (zitiert im ungefähren Wortlaut nach Sätzen, die ich in verschiedenen älteren Büchern gefunden habe) enthält ja den Ausdruck eines Bedauerns über einen angeblich nicht befriedigenden Zustand unseres Wissens von der Elektrizität — als wenn hier ein (erheblicher, vielleicht sogar entscheidend wichtiger) Restbestand von Geheimnisvollem verblieben wäre, für dessen Aufhellung noch gar kein Weg zu sehen wäre.

Die Antwort, welche Mach hier gegeben hat, ist die, daß es sich in Wahrheit überhaupt nicht um eine sinnvolle, um eine »sachhaltige« Frage handelt. Nicht nur die bisher gemachten Experimente, sondern auch alle künftigen oder überhaupt vorstellbaren, die Elektrizität betreffenden Experimente können uns ja nur (bestätigende oder neue) Aufschlüsse über die Wirkungsweise der Elektrizität unter den verschiedenen herstellbaren Bedingungen geben. Wenn uns irgendein Verfasser — darüber hinausgehend — etwas über das »Wesen« der Elektrizität mitteilen wollte, so *könnte* es gar keine experimentelle Unterlage für seine

Aussagen geben, weil jede überhaupt vorstellbare experimentelle Feststellung wiederum nur als Beitrag zur Kenntnis ihrer Wirkungsweise zu bezeichnen wäre. Also ist die Frage nach dem »Wesen« der Elektrizität eine abwegige, eine sinnlose, eine gar nicht in die Physik hineingehörende Frage. Man muß verzichten auf die Meinung, daß jede grammatikalisch richtig formulierte (physikalische) Frage auch schon eine physikalisch sinnvolle und berechtigte sei — die Frage nach dem Wesen der Elektrizität, ausdrücklich getrennt von den Fragen nach ihrer Wirkungsweise, kann und soll gar nicht irgendwie beantwortet werden, sondern sie muß erledigt und abgewiesen werden durch die Einsicht, daß es sich um eine sinnlose, ihrer Natur nach niemals zu beantwortende Frage handelt.

Die Physiker früherer Jahrzehnte waren — hierauf beruhte die Notwendigkeit einer erkenntnistheoretischen Kritik, wie Mach sie ausgeführt hat — mit großen Anteilen ihrer Anstrengungen auf Fragen eingestellt, die im Sinne Machs einfach als sinnlose Fragen anzusehen waren und als solche aus dem physikalischen Denken ausgemerzt werden mußten, um den Weg zu echter physikalischer Erkenntnis zu öffnen.

Lehrreiches Beispiel der für den Erkenntnisfortschritt gefährlichen, irreführenden Verstrickung in »Scheinprobleme« war die vor Maxwell unter den Physikern verbreitete Neigung, das eigentliche Ziel der Erforschung der Elektrizität darin zu sehen, ein »mechanisches Modell« der elektro-magnetischen Erscheinungen zu finden. Maxwells auf dem von Faraday begründeten Begriff des »Feldes« aufbauende Theorie führte in ihrer Fortentwicklung zu einem Verzicht auf das Suchen nach einem »mechanischen Äthermodell« — manche hervorragende Physiker damaliger Zeit haben nachdrücklich gewarnt vor diesem Verzicht, ihn als einen Verzicht auf die Lösung des eigentlichen Problems der theoretischen Elektrodynamik bezeichnend. Dagegen hat Henri Poincaré sich als ein stark »positivistisch« Denkender erwiesen, indem er den Verzicht auf die Konstruktion hypothetischer Äther-Modelle nachdrücklicher betonte als Maxwell selber.

13

Während das Suchen nach einem mechanischen Äthermodell als eine Konkretisierung der Frage nach dem »Wesen« der Elektrizität aufgefaßt werden konnte, hat die sich nach Maxwell durchsetzende neue Auffassungsweise die Aufgabe der Elektrodynamik in einer bloßen mathematischen *Beschreibung* der Gesetzmäßigkeiten der elektromagnetischen Felder zu sehen gelehrt: Diese Felder sind beobachtbare, meßbare Realität — man kann ihre Gesetzmäßigkeiten in mathematische Formeln fassen (die berühmten »Maxwellschen Gleichungen«), deren Richtigkeit in zahllosen Experimenten immer wieder bestätigt worden ist. Indem man in dieser Weise eine umfassende und lückenlose Beschreibung der »Wirkungsweise« der Elektrizität gewann (lückenlos, soweit man sich auf »Makrophysik« beschränkte, hingegen die »Mikrophysik« noch ausließ, deren Erfassung durch H. A. Lorentz so erfolgreich mit seiner »Elektronentheorie« eingeleitet wurde), blieb kein Platz mehr übrig für ein Problem des »Wesens« der Elektrizität — jede über die Maxwellschen Gleichungen hinausgehende makrophysikalische Frage betreffs der Elektrizität mußte als eine der experimentellen Untersuchung keinerlei Gegenstand bietende bezeichnet werden, da jede experimentell faßbare, erforschbare Frage des Elektromagnetismus durch die Maxwellsche Theorie bereits beantwortet wurde. Während diese Form des »Verzichts« auf eine »Erklärung« der elektromagnetischen Gesetze durch ein mechanisches Äthermodell noch vielen Physikern Schwierigkeiten bereitete — ihnen als Verzicht auf die Hauptaufgabe erscheinend —, erregte Kirchhoff Aufsehen durch die in seinen Vorlesungen über Mechanik ausgesprochene Bemerkung, wonach es die Aufgabe der Mechanik sei, die in der Natur vorgehenden Bewegungen (mechanischer Körper) vollständig und auf die einfachste Weise zu *beschreiben:* Wenn man dieser Auffassung zustimmte, daß auch die Mechanik nur eine »Beschreibung«, keineswegs eine »Erklärung« der von ihr behandelten Vorgänge liefern oder erstreben könnte, so verlor der Versuch, den Elektromagnetismus auf die Mechanik eines Äthers zurückzuführen, jeglichen Sinn.

In dieser Entwicklung formten und bewährten sich Zielsetzungen, die später als spezifisch »positivistisch« betrachtet worden sind: Beschreibung der empirisch erkennbaren Naturgesetze, unter ausdrücklicher Zurückdrängung des Verlangens nach ihrer »Erklärung«, das uns immer wieder in »Scheinprobleme« führt.

Daß Mach als entschiedener Vertreter und Verbreiter dieser Gedankenrichtung zu der Neigung kam, die aus der Antike stammende Atomvorstellung zu verwerfen, ist mindestens psychologisch nicht unnatürlich. Er gewann den Verdacht, daß hier etwas ähnlich Überflüssiges versucht wurde wie bei der Suche nach dem mechanischen Äthermodell: Erst spätere Zeit hat dazu geführt, die Atome zu faßbaren Gegenständen der Experimentiertechnik werden zu lassen. Bahnbrechend in dieser Richtung war Einstein mit seinen das Problem der Brownschen Bewegung umkreisenden Überlegungen, die erstmalig experimentell faßbare Tatsachen mit der Atomvorstellung verbanden und damit bewirkten, daß auch die Atome Gegenstand *echter* physikalischer Fragen werden konnten und nicht nur Anlaß von Scheinproblemen. Trotzdem war Einsteins spätere Kritik an dem von ihm vorher bewunderten Mach nicht unbegründet: Es gab schon zur Zeit der von Mach entfalteten Kritik Hinweise darauf, daß die Atomhypothese mehr zu werden versprach als eine im Kreise von Scheinproblemen verbleibende Spekulation.

In der Tat sind dann auf die Einsteinsche Eröffnung eines experimentell beschreitbaren Weges zu den Atomen« in raschen Schlägen andere Vorstöße in das Gebiet der Mikrophysik — dessen Realität Mach leugnen wollte — nachgefolgt: Die Laueschen Kristall-Interferenzen, die Erkennung ionisierter Einzelteilchen in der Wilson-Kammer, die Schaffung des Geiger-Zählers, der Nachweis der elektrischen Elementarladung, die Bestätigung der Existenz dünnster, monomolekularer Schichten, und zuletzt die Sichtbarmachung großer Moleküle in Elektronen-Mikroskopen. Auch gewannen die Überlegungen zur kinetischen Gastheorie handgreifliche Bestätigung einerseits in den berühmten Experimenten Perrins, andererseits in der Erschließung der Atom-Strahl-Technik.

Als Einsteins Relativitätstheorie, die zur endgültigen Beseitigung der Äther-Vorstellung nötigte, noch heftig umstritten war, konnte man als Verteidigung des Äthers durch manche Physiker den Satz hören: »Wenn es im Vakuum Schwingungen gibt, dann muß es auch ein Etwas geben, welches schwingt.« Max Born hat einmal die treffende Bemerkung gemacht, daß hier die Grammatik mit der Physik verwechselt wurde: Grammatikalisch gehört zum Verbum »schwingt« ein Subjekt. Aber das bedeutet keineswegs, daß zum Schwingen auch ein mechanisch gedachtes, stoffliches Medium, ein Äther gehört. Sobald wir die elektromagnetischen Feldstärken als Meßbares, also als physikalische Realität anerkennen, können wir sie selber (um der Grammatik volle Rechnung zu tragen) zum Subjekt des Schwingens machen — Feldstärken können räumlich und zeitlich veränderlich sein.

Viel wesentlicher aber kam die Beeinflussung des jungen Einstein durch Machsche Denkweise darin zum Ausdruck, daß er die *Relativierung der Gleichzeitigkeit* als Angelpunkt seiner großartigen Beseitigung der für seine Zeitgenossen fast unlösbar scheinenden Aufgabe erkannte, aus den scheinbaren Widersprüchen der Experimente von Michelson, Fizeau und anderen Verfassern den Ausweg zu finden. Es war ganz im Sinne Machs gedacht, daß man den Begriff der Gleichzeitigkeit zweier in weitem Abstand voneinander erfolgender Vorgänge definieren müsse, und zwar durch Angabe eines experimentell (grundsätzlich) ausführbaren Verfahrens, das Vorliegen von Gleichzeitigkeit zu prüfen. Befindet sich an jedem der beiden Orte ein Beobachter des fraglichen Vorgangs, so können diese Beobachter durch Austausch von Lichtsignalen (oder allgemeiner Funksignalen) prüfen, ob die beiden Vorgänge gleichzeitig geschahen. Aus dem Verstehen dieses Punktes heraus konnte Einstein in folgerichtigem Weiterdenken die ganze spezielle Relativitätstheorie entwickeln; denn es folgte daraus die »Relativierung« der Gleichzeitigkeit sowie das sie beherrschende mathematische Gesetz der »Lorentz-Transformation«: Zwei Ereignisse, eines auf der Erde, das andere auf dem Mars stattfindend, und beide gleichzeitig für synchronisierte Uhren auf Mars und Erde, werden nicht mehr im Sinne dieser Definition gleichzeitig sein, wenn die Prüfung durchgeführt wird von einem Raumschiff aus, welches mit großer Geschwindigkeit geradlinig-gleichförmig durch das Planetensystem saust.

Daß man in grammatikalisch einwandfreier Weise nach einer »absoluten« Gleichzeitigkeit räumlich getrennter Ereignisse fragen kann, bedeutet noch keineswegs, daß diese Frage sinnvoll ist — also kein Scheinproblem. Sondern man muß ein ausführbares experimentelles Verfahren der Prüfung angeben, um eine Definition zu gewinnen, die echte Fragen erlaubt; man vermeidet Scheinprobleme nur dadurch, daß man die gemeinten Fragen in derjenigen Sprache ausdrückt, in welcher wir Fragen an die Naturwirklichkeit selber richten können. Diese Sprache besteht nicht aus Worten oder aus Sätzen mit Subjekt und Prädikat; sondern sie besteht aus *Experimenten*.

Erkannt zu haben, daß eine Definition der Gleichzeitigkeit nötig ist; daß sie in der Sprache der Experimente formuliert werden muß; und daß dann die Gleichzeitigkeit nicht als etwas Absolutes definiert ist, sondern als etwas vom Bewegungszustand (vom »Inertialsystem«) des Experimentators Abhängiges — diese Erkenntnisleistung Einsteins war sicherlich eine der bedeutendsten in der Physikgeschichte unseres Jahrhunderts. Und sie war zugleich ein vollendetes Musterbeispiel positivistischer physikalischer Denkweise.

In nicht weniger deutlicher Weise zeigte sich die Fruchtbarkeit der positivistischen Denkrichtung, als Heisenberg zur Aufstellung der »Quantenmechanik« schritt. In der Zeit der fortschreitenden Aufklärung der Atomspektren, wie sie durch Bohrs Theorie des H-Atoms 1913 eingeleitet war, versuchte man, die Energiewerte für die verschiedenen »stationären Zustände« eines Atoms so zu berechnen, daß man sich für jeden dieser Zustände ein Modell machte, nach welchem die Elektronen des Atoms — den Regeln eines Newtonschen Mehrkörperproblems folgend — sich im Atom nach klassischer Mechanik bewegten, dabei aber keinen Strahlungswiderstand erlitten, welcher vielmehr lediglich im Vorhandensein von Wahrscheinlichkeiten für *Quantensprünge* des Atoms

17

zu Zuständen kleineren Energieinhalts zum Ausdruck kommen sollte.

Trotz vieler ermutigender Teilerfolge dieser vorläufigen Quantentheorie der Atome — deren Vorläufigkeit von Bohr selber deutlicher empfunden wurde, als von den vielen Mitstrebenden — zeigte doch schon die (nach vielen vergeblichen Bemühungen anderer Verfasser schließlich durch Born und Heisenberg erreichte) Durchrechnung des dem He-Atom entsprechenden Dreikörperproblems hoffnungslose Nichtübereinstimmung dieser Berechnungsversuche mit der Wirklichkeit. Heisenbergs dann unternommener Vorstoß zu einem grundsätzlichen Verzicht auf die Anwendung klassischer Mechanik für die inner-atomaren Bewegungen der Elektronen bedeutete einerseits tatsächlich einen Verzicht: Die Vorstellung klassisch beschreibbarer, berechenbarer Bewegungen in der Elektronenhülle eines Atoms wurde aufgegeben, da es ja kein Beobachtungs- und Messungsinstrument für solche Bewegungen gab oder geben konnte. Nach Heisenberg mußte man sich darauf besinnen, welche Eigenschaften eines Atoms wirklich beobachtet werden können: Neben den Energiewerten W_1, W_2, ... für die verschiedenen »stationären Zustände« — ermittelbar sowohl aus Elektronenstoß-Experimenten als auch aus den durch die berühmte Beziehung $h\nu = W_2 - W_1$ gegebenen Spektralfrequenzen — waren es die »Übergangs-Wahrscheinlichkeiten« für die verschiedenen Quantensprünge bei Emission, Absorption und Dispersion von Licht sowie bei Elektronenstößen. Nun hatte Bohr in seinem »Korrespondenzprinzip« den tiefen Gedanken ausgeführt, daß die — damals noch überwiegend unbekannten — exakten Quantengesetze trotz der grundsätzlichen Verschiedenheit von klassischer und Quantentheorie andererseits formale Ähnlichkeit mit den klassischen Gesetzen haben sollten — wobei die Übergangswahrscheinlichkeiten in bestimmter Weise Analogien zum System der »Fourier-Koeffizienten«, d. h. der harmonischen Partialschwingungen in einem klassisch berechneten Atom-Modell zeigen müßten.

Heisenberg verdichtete diese Betrachtungsweise zu dem Gedanken, die klassischen Newtonschen Bewegungsgleichungen für Elektronen grundsätzlich zu ersetzen durch ein ihnen korrespondierendes Gleichungssystem, in welchem von einer »Bewegung« der Elektronen gar nicht mehr gesprochen wurde — sondern *unmittelbar* sollten die für die Übergangswahrscheinlichkeiten maßgebenden (und aus deren empirischer Ermittlung erkennbaren) mathematischen Größen (damals gern »Übergangs-Amplituden« genannt) ein Gleichungssystem erfüllen, welches enge Analogie zeigte zu derjenigen Form der klassischen Bewegungsgleichungen, die sich ergibt, wenn man von vornherein mit den Fourierkoeffizienten statt mit den durch sie bestimmten Elektronen-Koordinaten rechnet. Die wahren Gesetze der »Quantenmechanik« sollten nach Heisenberg ausschließlich »Beziehungen zwischen beobachtbaren Größen« sein.

Dies kann wohl als die eindrucksvollste und klarste in der Literatur vorhandene Formulierung des Kerngehalts Machscher Denkweise bezeichnet werden — und zwar in einer konkretisierenden Anwendung, welche um ihrer selbst willen als ein Markstein in der Geschichte der Physik des 20. Jahrhunderts benannt zu werden verdient. Mach selber hat ja mit der Anwendung der von ihm so fesselnd und überzeugend erläuterten erkenntnistheoretischen Einstellung nicht viel Glück gehabt — die Triumphe, welche das positivistische Denken, im Machschen Sinn verstanden, in der Relativitätstheorie erreicht hat (wovon wir eben nur die *spezielle* Relativitätstheorie als konkretes Beispiel positivistischer Erkenntnistheorie erwähnt haben; wie sehr aber auch die Allgemeine Relativitätstheorie gewissermaßen aus positivistischer Erkenntnistheorie entsprungen ist, hat Moritz Schlick reizvoll erläutert), sind von Mach, wie schon erwähnt, sehr vorsichtig, eher ablehnend als zustimmend, beurteilt worden. Betreffs der Atome andererseits hat Mach im Versuch, seine erkenntnistheoretischen Grundsätze hierbei anzuwenden, unglücklicherweise gerade den falschen Weg einer Bestreitung der Realität der Atome eingeschlagen. (Neben Mach, und mit ähnlicher Begründung, der allerdings der erkenntnistheoretische Tiefgang der Machschen Überlegungen fehlte, ist

Wilhelm Ostwald seinerzeit als Gegner der Atomhypothese aufgetreten; aber auch H. Poincaré, dessen enge geistige Verwandtschaft mit Mach stärkere Betonung verdient, als ihr gewöhnlich zuteil geworden ist, wandte sich sehr entschieden dagegen, das Atom als Realität anzuerkennen.)

Heisenberg, der schon in seiner Studienzeit die »reale Existenz der Atome« (dies Wort wurde von Perrin gern gebraucht) als bewiesene Tatsache kennenlernte, zerstörte jedoch den irrigen Glauben, man könnte sich auch die Bewegungen der Elektronen in den Atomen als Realität ähnlich den Planetenbewegungen vorstellen: Das zu tun, war wirklich eine Verletzung gesunder erkenntnistheoretischer Grundsätze, da es ja keinerlei experimentelle Möglichkeiten einer *Beobachtung* solcher inneratomarer Elektronenbewegung gibt. Die optische Beobachtung, wie sie im Falle der Planeten möglich ist (mit allen Wellenlängen von den optischen bis zu denen der Radartechnik), ist für eine analoge Beobachtung von Elektronenbewegungen völlig ungeeignet, da ja die Wechselwirkung von (sichtbarem oder z. B. ultraviolettem) Licht mit der Elektronenhülle eines Atoms in auffälligster Weise die Quantengesetzlichkeit hervortreten läßt.

Hier konnte nur das aus dem Korrespondenzprinzip erwachsene Heisenbergsche Programm weiterhelfen: Die wahren und exakten Gesetze der Quantenmechanik stellen mathematische Beziehungen zwischen solchen Größen fest, welche eben für typische Quantenexperimente beobachtbar sind.

Mach hat die Entstehung der Quantenmechanik nicht mehr erlebt — wahrscheinlich hätte er ihr gegenüber, ebenso wie gegenüber der Relativitätstheorie, die geistige Vaterschaft lieber abgelehnt (zumal ja die Anerkennung der Atome Voraussetzung für den Zugang zur Quantenmechanik war). Erst recht dürfte er ablehnend geblieben sein, wenn er die nach dem Hinzutreten der Schrödingerschen Wellengleichung möglich gewordene Vertiefung der Quantenphysik in Richtung der »Komplementarität« noch erlebt hätte.

Trotzdem verlief auch diese Gedankenentwicklung in Bahnen,

die nachträglich als neue, noch tiefer gehende Bestätigung positivistischen Denkens bezeichnet werden dürfen. Daß auch die Frage, ob das Elektron ein Teilchen oder eine Welle »ist«, sich als typisches Scheinproblem enthüllen konnte — es hängt von der Wahl der angewandten Beobachtungsinstrumente ab, ob das »dualistisch« aufzufassende Elektron (oder Proton, Neutron, Meson, Neutrino, Lichtquant usw.) als Teilchen oder als Welle hervortritt — ist wohl die revolutionärste wissenschaftliche Erkenntnis unseres Zeitalters. Aber auch sie bestätigt, daß man in der Mikrophysik nur dann zur Klarheit kommt, wenn man mit voller Entschlossenheit die physikalische Realität in den experimentellen Tatsachen selber sieht, und nicht in einem quasi-metaphysisch »dahinter« Stehenden. Eben das aber ist der Grundzug positivistischen Denkens, wie Mach es uns grundsätzlich gelehrt hat — obwohl die zu seiner Lebenszeit vorhanden gewesene Lage der physikalischen Forschung ihn noch nicht herankommen ließ an diejenigen großen Probleme, in denen sich später die volle Fruchtbarkeit und Berechtigung seiner Erkenntnistheorie erwiesen hat.

2. Kausalität und Komplementarität

Die moderne Entwicklung der Physik hat einschneidende Veränderungen gegenüber den älteren physikalischen Denkweisen ergeben: Indem wesentliche Fortschritte der Beobachtungstechnik die Erkennung und Messung vorher unzugänglicher Effekte ermöglichten, wurden die älteren Vorstellungen der »klassischen« Physik zu eng für die Beschreibung der nach Umfang und Art erweiterten Erfahrungstatsachen.

So hat die astronomische Forschung aufgrund der Untersuchung sehr weit entfernter Galaxien Veranlassung gefunden, die Vorstellung eines euklidischen, unendlich großen Weltraums zu ersetzen durch diejenige eines nichteuklidischen Raumes positiver Krümmung und folglich nur endlichen Volums. Die Allgemeine Relativitätstheorie hat überdies eine im Sinne Riemanns verallgemeinerte Geometrie (nicht für den Raum allein, sondern für das vierdimensionale Raum-Zeit-Kontinuum) als sinngemäße Beschreibung der Gravitationsgesetze erkannt; schon vorher hatte die spezielle Relativitätstheorie die Relativierung der Gleichzeitigkeit vollzogen.

Diese vor allem durch Einsteins Gedankenkühnheit errungenen Schritte zu einer neuen physikalischen Vorstellungswelt, in welcher die ältere Physik zwar als vollgültiger Bestandteil mit eingeschlossen wurde, aber doch wesentliche Gesetze der klassischen Physik nur noch eine begrenzte Gültigkeit behielten, sind gewissermaßen noch überboten worden durch die noch radikaleren Veränderungen, welche im Denkschema der Physik angenommen werden mußten, um auch die Quanten-Erscheinungen voll zu berücksichtigen, nachdem diese unter Verarbeitung des ungeheuren Tatsachenmaterials der Spektroskopie und der anschließenden experimentellen Entwicklungen (wie z. B. Elektronenstöße, Stern-

Gerlach-Effekt, Raman-Effekt; andererseits Interferenzen an Kathodenstrahlen) eine ungeahnte Vertiefung gewonnen hatten.

Die durch die Quantenphysik begründete Vertiefung unseres physikalischen Verstehens hat auch dem *Kausalitätsprinzip* nur noch eine eingeschränkte Bedeutung übriggelassen; und sie hat mit der Entdeckung der *Komplementarität* sogar die Objektivierbarkeit mikrophysikalischer Vorgänge eingeschränkt.

Schon David Hume hat seinerzeit die philosophische These vertreten, daß »Kausalität« letzten Endes nichts anderes bedeute, als *Determinierung* — daß also die Behauptung, die Naturvorgänge seien ursächlich bedingt, nichts anderes meinen könne, als die *Vorausbestimmtheit* künftigen Geschehens durch den jetzt gegebenen Zustand. Man kann sich das besonders einfach klarmachen am Beispiel des Planetensystems: Wenn uns der augenblickliche Zustand dieses Systems bekannt ist — derart, daß wir außer den Massen der Planeten und ihrer Monde auch ihre augenblicklichen Orte und Geschwindigkeiten kennen —, so läßt sich vorausberechnen, wie die Bewegungen dieser Himmelskörper weitergehen werden; und jede Sonnenfinsternis oder Mondfinsternis gibt auch dem Laien Gelegenheit, zu bestätigen, daß die Vorausberechnungen der Astronomen wirklich zutreffen. Etwas verwickelter wird die Formulierung des Kausalitätsprinzips, wenn wir nicht mehr an die Mechanik denken — bei den Planeten und Monden handelt es sich ja um Gebilde, die wegen der Kleinheit ihrer Durchmesser im Vergleich zu ihren Abständen als »Massenpunkte« idealisiert werden können —, sondern etwa an das elektromagnetische Feld. Auch für diesen Fall kann das Kausalitätsprinzip (oder das Prinzip der Determinierung) mathematisch präzis gefaßt werden — doch sollen die Einzelheiten dieser Formulierung jetzt nicht in pedantischer Genauigkeit vorgetragen werden. Es möge genügen, zu sagen, daß auch für die »Feldphysik«, solange wir noch *nicht* an Quantenerscheinungen denken, die lückenlose Determinierung des physikalischen Geschehens bestehenbleibt. Das gilt auch noch für die Einsteinsche Gravitationstheorie, also die Allgemeine Relativitätstheorie, in deren Rahmen die genaue Formulierung dieses Sachverhalts freilich einen erheblich erhöhten mathematischen Aufwand erfordert.

Von philosophischen Verfassern ist die Humesche Auffassung des Kausalitätsprinzips oft als unbefriedigend bezeichnet worden; aber tatsächlich ist es nicht gelungen, etwas Besseres an ihre Stelle zu setzen — die Kritiker, welche Humes Identifizierung von Kausalität und Determinierung bemängelt haben, vermochten keine Präzisierung zu geben für ihre Meinung, daß der Begriff der Kausalität irgendwie »inhaltreicher« sei als derjenige der Determinierung. Die Physiker, welche ihrerseits mindestens feststellen mußten, daß Determinierung das einzige experimentell faßbare Kriterium von Kausalität ist, haben daraus die Folgerung gezogen, in ihrem innerfachlichen Sprachgebrauch die Begriffe von Kausalität und Determinierung als gleichbedeutend zu behandeln.

Von Heisenberg stammt der Satz, daß die Quantenphysik die »definitive Widerlegung des Kausalitätsprinzips« erbracht habe; man könnte diesen Satz also, ohne seinen sachlichen Inhalt zu verändern, auch auf die Determinierung statt auf die Kausalität beziehen — da für den Physiker zwischen beidem keine Verschiedenheit besteht. Die Richtigkeit dieses Heisenbergschen Satzes wird heute von fast allen Physikern einheitlich anerkannt; doch muß erwähnt werden, daß Max Planck gezögert hat, ihm zuzustimmen — er hatte durch lange Zeit die Erwartung aufrechterhalten, weitere Forschung würde doch noch zu Erkennung determinierender Gesetze »hinter« den statistischen Gesetzen der Quantentheorie führen. In einem Gespräch, das nur kurze Zeit vor seinem Lebensabschluß stattfand, schien er mir geneigt, immerhin die Möglichkeit in Betracht zu ziehen, daß die Verneinung voller Determinierung in der »Mikrophysik« erwogen werden müßte. Aber ich vermag nicht zu sagen, ob diese im Vergleich zu seinen früheren Äußerungen über dieses Thema sehr »entgegenkommende« Stellungnahme vielleicht bedingt war durch die große Güte eines alten Mannes gegenüber einem Jüngeren, dessen physikalische Bestrebungen er mit großer persönlicher Liebenswürdigkeit betrachtete. Klar und bis zu seinem Lebensende unbeirrbar hat Albert Einstein den Gedanken einer indeterministischen, nur statistischen Naturgesetzlichkeit abgelehnt — sein Briefwechsel mit seinem Lebensfreunde Max Born zeigt in ergreifender Weise, wie stark dieser große Umgestalter der Physik unseres Jahrhunderts, der so entscheidend dazu beigetragen hat, die Physiker aufnahmebereit zu machen für unvorhergesehene grundsätzliche Wandlungen des physikalischen Denkstils, dennoch in diesem Punkte mit aller Kraft eine konservative Denkrichtung beibehalten wollte. Es bedeutet keineswegs einen Mangel an Achtung für das Genie Einstein, zuzugeben, daß er in diesem Punkt geirrt hat, und daß die Anerkennung einer nur statistischen quantenphysikalischen Gesetzlichkeit — wie sie von Born im erwähnten Briefwechsel vertreten wurde — unvermeidbares Ergebnis eines vollen *Verstehens* der Quantenphysik und Quantenmechanik ist.

Zu Einsteins größten Leistungen gehörte es ja, schon 1905 erkannt zu haben, daß mit der Wellentheorie des Lichtes nicht das letzte Wort über die Natur des Lichtes gesprochen war. Zwar kann nicht bezweifelt werden, daß diese Wellentheorie (seinerzeit von Huygens gegen Newtons Korpuskulartheorie des Lichts vertreten) tiefe Wahrheit enthielt: Die Erscheinung der Interferenz, in welcher Licht plus Licht zur »Summe« Dunkelheit führen kann — so, wie bei Wasserwellen in einem Teich Wellenberg und Wellental sich stellenweise gegenseitig aufheben können — zeigt unverkennbar die Notwendigkeit der Wellenvorstellung für das Verständnis des Lichtes. Dennoch vermochte Einsteins Scharfsinn aus dem von Max Planck entdeckten Spektral-Gesetz der »schwarzen« Strahlung Beweisgründe dafür zu entwickeln, daß ein Lichtstrahl in gewissen Eigenschaften sich wie eine Geschoßgarbe dahinfliegender Teilchen, »Lichtquanten«, verhalten müsse.

Trotz des für lange Zeit aufrecht erhaltenen Zweifels fast aller seiner Zeitgenossen unter den Physikern hat Einstein mit dieser Erkenntnis recht behalten; und zwei Jahrzehnte danach hat de Broglie den kühnen Gedanken gefaßt: Wenn ein Lichtstrahl sowohl Wellenstrahl als auch Geschoßgarbe sein kann, dann sollten auch andere Strahlenarten diesen »Dualismus« zeigen. Ein

Kathodenstrahl z. B., bis dahin stets nur als Geschoßgarbe von Elektronen aufgefaßt, sollte »andererseits« ebenfalls Welleneigenschaften zeigen. Bekanntlich hat de Broglie für diese kühne Behauptung bald empirische Bestätigung gefunden — verschiedene Experimentatoren haben auch an Kathodenstrahlen Interferenzen nachweisen können.

Die tiefe Verlegenheit, in welche sich die Physiker damals versetzt fühlten durch diese unerwarteten Ergebnisse, kann man heute nur noch durch historische Rückschau fühlbar machen. Denn wir haben uns inzwischen — fast ein halbes Jahrhundert später — so sehr gewöhnt an diesen »Dualismus«, daß er für uns alles »Erschütternde« verloren hat. Jedoch muß die Art und Weise, wie wir uns heute damit auseinandersetzen, mit Begriffen und Denkweisen arbeiten, welche der »klassischen« Physik völlig fremd waren. Es soll hier nicht versucht werden, den verschlungenen Wegen der historischen Gedankenentwicklung nachzugehen; sondern wir wollen uns vor Augen halten, was heutige Physiker darüber denken — in einer vom Vorbild Newtonscher klassischer Mechanik freilich sehr verschiedenen Weise.

Wir wollen uns nur ein einziges Elektron denken — daß in einem Kathodenstrahl merklicher Stärke in Wahrheit viele Elektronen dahinfliegen, soll uns nicht ablenken von den Merkwürdigkeiten, die wir schon beim Experimentieren mit einem einzelnen Elektron antreffen würden. Der Newtonsche »Massenpunkt«, verwirklicht etwa durch einen ganzen Planeten, beschreibt eine *Bahn* — er verändert seinen Ort, und er verändert in seiner Kepler-Bahn auch seine Geschwindigkeit fortlaufend (und zwar in »stetiger«, keinerlei Sprünge zulassender, gleichsam fließender Weise). Beim Elektron — typischem Gebilde der »Mikrophysik« — sind wir in Verlegenheit, ob wir es als *Teilchen* oder aber als *Welle* bezeichnen sollen. Wenn wir die Sachlage betrachten im Geiste des »neopositivistischen« Denkens, so müssen wir uns sogar betreffs des Wortes »sein« hüten vor einer »naiven« Anwendungsweise. Würde man die Frage stellen, ob das Elektron nun eigentlich ein Teilchen oder eine Welle »ist«, so hätten wir, positivistisch gesprochen, ein typisches »Scheinproblem« aufgestellt: Die ausgesprochene Frage bedarf, um sinnvoll zu werden, einer Konkretisierung durch Angabe der Experimente, die wir machen wollen — einerlei, ob es sich um praktisch ausgeführte oder um bloße »Gedankenexperimente« handeln soll.

Ein erwägbares Gedankenexperiment wäre es, mit einem Mikroskop nachzusehen, wo — an welchem Ort — das Elektron sich jetzt befindet. Man müßte freilich, wenn man dabei auf Genauigkeit ausgehen würde, ein Mikroskop anwenden, das nicht auf sichtbares Licht anspricht, sondern auf eine viel »härtere« Strahlung, mit viel kleineren Wellenlängen; etwa harte Röntgenstrahlung, oder gar die Gamma-Strahlung eines radioaktiven Präparates. In einem solchen Gedankenexperiment (dieser Begriff bedeutet ja: Das gedachte Experiment braucht nicht unbedingt für unsere heutigen technischen Mittel ausführbar zu sein; aber das gedachte Experiment soll keine Verletzung der Naturgesetze voraussetzen) könnte man also das Elektron an einem bestimmten Ort entdecken, oder genauer: in einem sehr kleinen räumlichen Bereich. Ein anderes Gedankenexperiment könnte uns dazu verhelfen — an die Wellennatur des Elektrons appellierend —, seine Wellenlänge zu messen. Und an dieser Stelle unserer Erwägung wird uns klar, daß die beiden soeben vorgestellten Gedankenexperimente ihrer Natur nach nicht geeignet sind, *zugleich* (und am gleichen Elektron) ausgeführt zu werden. Denn während das erste Experiment verlangt, das Elektron in einem sehr kleinen Raumbereich zu »lokalisieren«, verlangt das andere Experiment eine räumliche Ausbreitung des Elektrons über einen Raumbereich, dessen lineare Abmessungen mindestens viel größer sind als die Wellenlänge, die wir finden werden.

Das alles ist nicht so schlimm, wenn wir uns mit mäßigen Ansprüchen zufriedengeben wollen. Man weiß ja, daß in einer Wilsonschen »Nebelkammer« ein dahinfliegendes Elektron einen Kondensstreifen erzeugen kann, der seine Bahn erkennbar macht. Aber längs dieser Bahn ist der Ort des Elektrons doch nur mit recht geringer Genauigkeit bezeichnet; und die Geschwindigkeit des Elektrons (diese hängt nach de Broglie unmittelbar mit der Wellenlänge zusammen) ist ebenfalls nur sehr grob ablesbar aus dem sichtbaren Kondensstreifen.

Man kann also bei Verzicht auf zu große Genauigkeit die beiden »komplementären« Eigenschaften, Ort und Geschwindigkeit des Elektrons (die Physiker sprechen lieber vom »Impuls« = Geschwindigkeit mal Masse), in grober Weise doch auch zugleich messen; aber grundsätzlich bleibt es unmöglich — aus der Natur der Sache heraus —, die zwei von Niels Bohr gern als »komplementär« bezeichneten Eigenschaften zugleich exakt zu messen. Je genauer man die eine dieser Größen messen will, desto bescheidener müssen unsere Genauigkeitsansprüche betreffs der anderen bleiben — die Heisenbergschen berühmten »Unschärfe-Beziehungen« haben dies Verhältnis mathematisch präzisiert.

Was geschieht aber, wenn wir zunächst eine sehr scharfe Messung der Wellenlänge des Elektrons vornehmen und hinterher — in einem zweiten Experiment — eine Messung seines Ortes? Was wir dann — in dem zweiten Experiment — tun, das kann (zwar nicht faktisch, aber begrifflich) in zwei Teilvorgänge zerlegt werden; erstens veranlassen (oder zwingen) wir das Elektron, das ja vorher einen im Falle großer Wellenlänge großen Raumbereich gewissermaßen erfüllte, sich auf einen ganz engen Raumbereich zu konzentrieren; und zweitens nehmen wir (als Betätiger des Mikroskops) wahr, wo es sich konzentriert hat.

Das alles klingt sicherlich ein wenig märchenhaft — aber wir müssen uns damit abfinden: Die Quantenphysik ist märchenhaft, wenn wir ihre Gedankenwege betreten, nachdem wir uns vorher an klassische Physik gewöhnt hatten und an die Geradlinigkeit der dortigen Gedankenstraßen.

Indem wir das annehmen, was ich soeben in gewollt drastischer Form dem Leser zugemutet habe, können wir uns kaum noch darüber wundern, daß eine solche Physik zum Indeterminismus führt. Wenn wir das Elektron, welches im ersten Experiment eine scharf bestimmte Wellenlänge erkennen ließ, nun dazu nötigen, sich für einen eng eingeschränkten Ort zu entscheiden, dann kann nicht vorhergesehen werden, für *welchen* Ort es sich entscheiden wird. Hier tritt Indeterminiertheit ein: Aus der Wellenlänge kann keine Vorausbestimmung entnommen werden, an welchem Ort wir das Elektron im zweiten Experiment mikroskopisch ertappen werden; bei sehr scharf bestimmter Wellenlänge haben geradezu alle Raumpunkte gleiche Wahrscheinlichkeit, daß sich bei ihnen das »Auftauchen« des jetzt zur Lokalisierung gebrachten Elektrons vollziehen wird.

Vielleicht wird jetzt verständlich, warum ein großer Geist wie Einstein — erfüllt von tiefer Liebe zu den Vorstellungsweisen klassischer, deterministischer Physik — diese neuen Gedankengänge schauderhaft fand. Aber wir haben keine Wahl. Die Naturgesetze richten sich nicht danach, wie wir sie haben möchten. Sie richteten sich nicht einmal nach den Wünschen Einsteins.

Was wir am Beispiel des Elektrons soeben erlebt haben, das zeigt sich ganz allgemein in der Fülle quantenphysikalischer Gebilde, mikrophysikalischer Gebilde. Man kann an einem mikrophysikalischen Gebilde — sei es ein Elektron, sei es ein Atom, sei es ein Atomkern — mannigfache Messungen machen; aber jeder Messungsvorgang bedeutet eine Auseinandersetzung zwischen Beobachtungsobjekt und Meßinstrument; und die Möglichkeit, etwa an einem Atom ungeheuer mannigfache Messungsbeobachtungen zu machen, bedeutet keineswegs, daß wir alle diese Instrumente *zugleich* anwenden könnten. Sondern wenn wir das Objekt zwingen, nach einer seiner »Seiten« einen scharf bestimmten Zustand anzunehmen (den wir dann beobachten können), so werden dafür andere Seiten verschwommen und unbestimmt.

Wir können also beim Elektron das nicht durchführen, was beim Newtonschen Massenpunkt als (im idealen Fall) unbeschränkt durchführbar gedacht wird: Eine vollständige *Bahnbeobachtung*, in welcher wir z. B. die Ellipsenbahn des Mars in ihrer von Kepler erkannten Gesetzlichkeit vorfinden. Beim »Massenpunkt« Mars ist die Sachlage ja ganz anders: Wir können ihn beobachten, ohne daß er von dieser Beobachtung berührt oder beeinflußt wird: Wenn Astronomen Fernrohre auf ihn richten oder wenn Beobachtungsraketen ihn besuchen, so verändert sich weder sein Ort noch seine Geschwindigkeit. Unsere Beobachtung des Mars ist ein bloßes Zur-Kenntnis-Nehmen, ohne daß damit eine Einflußnahme auf ihn verbunden wäre. Die Gesamtheit der von unseren Astronomen an ihm ausgeführten Messungen kann zusammengefaßt werden in einem Bilde, in welchem wir uns diesen Planeten vorstellen als einen Körper, der *unabhängig* von den Vorgängen unserer Beobachtung seine Bahn beschreibt — man hat sich angewöhnt, dies als die »Objektivierbarkeit« der Marsbewegung zu bezeichnen; und es ist kein Zufall, daß diese Bezeichnung erst dann erfunden wurde, als man begriffen hatte, daß ein bewegtes Elektron *nicht* die Eigenschaft der Objektivierbarkeit hat: Wenn wir uns die Aufgabe stellen, die Schicksale eines Elektrons zu beschreiben, mit dem wir experimentell zu tun haben, dann gehört es als wesentliches Teilstück dieser Schicksalsbeschreibung mit dazu, die Beobachtungsakte oder Messungsakte zu beschreiben, durch welche sein jeweiliger Zustand einschneidend verändert wurde.

Bei der (zuerst von Kepler erreichten) Beschreibung der Marsbewegung hingegen brauchen die auf ihn gerichteten Fernrohre (oder Meßinstrumente Tycho de Brahes aus der Zeit vor der Fernrohrerfindung) gar nicht erwähnt zu werden; und es ist widerspruchsfrei möglich, uns zu denken, daß der Mars auch dann seine Bahn beschreiben würde, wenn es niemals auf der Erde Astronomen gegeben hätte. Diese Objektivierbarkeit der Marsbewegung (oder in ähnlicher Weise eines beliebigen anderen makrophysikalischen Vorgangs) gehört zu den scheinbaren Selbstverständlichkeiten der klassischen Physik — und zu den Unterlagen des von ihr entwickelten Realitätsbegriffes; wir werden gerade dadurch auf die fundamentale Bedeutung dieser klassischen Objektivierbarkeit aufmerksam gemacht, daß wir jetzt in der Quantenphysik Vorgänge kennengelernt haben, welche eine Begrenzung oder Beschränkung der Objektivierbarkeit zeigen.

Daß sich die Quantenphysik (trotz der von Einstein gehegten Bedenken) von Kausalität oder Determinierung klassischer Art weit entfernen mußte, bedeutet sicherlich eine tiefgreifende Umwälzung in unserem physikalischen Denken — ebenso, wie Einstein hierin einen Anlaß gesehen hat, die moderne »Quantenmechanik«, in welcher das Quantenproblem seine grundsätzliche und umfassende Lösung gefunden hat, mit tiefer Skepsis anzusehen, ebenso sind auch viele andere unserer Zeitgenossen dazu geneigt, zu bezweifeln, daß die heutigen Physiker auf dem richtigen Wege sind, wenn sie zu einem Verzicht auf die Aufrechterhaltung voller, lückenloser Kausalität bereit sind.

Jedoch enthält die Erkennung der *Komplementarität* von Ort und »Impuls« (= Geschwindigkeit mal Masse) im Grunde eine noch radikalere Absage an Begriffe und Denkweisen, die in der klassischen Physik noch zu den unantastbaren Selbstverständlichkeiten gehörten — hat man einmal diesen neuen Gedanken der Komplementarität als notwendigen Teil einer gedanklichen Erfassung der Quantenphysik anerkannt, so wird die Anerkennung eines gewissen Ausmaßes von Indeterminiertheit, also einer gewissen Verletzung des alten Kausalitätsbegriffes zur unvermeidbaren Folgerung.

In der älteren, durch Niels Bohr 1913 eingeleiteten Entwicklung der Theorie des Atombaus hat man gern das Atom — mit seinem Kern und seinen Elektronen — verglichen mit einem Planetensystem. In der Tat besteht eine enge Ähnlichkeit, soweit man die durch die Quantengesetze bedingten Verschiedenheiten zunächst außer acht läßt: Die elektrische Anziehungskraft des Kerns auf ein Elektron gehorcht ja hinsichtlich der Abhängigkeit der Anziehungskraft vom Abstand beider Partner dem gleichen Gesetz, welches Newton seinerzeit als das Gravitationsgesetz formuliert hat. Aber während das Planetensystem ein ideales Beispiel klassischer Determinierung ist — wenn wir die Orte und die Geschwindigkeiten (sowie die Massen) der Planeten zu einem gewissen Zeitpunkt kennen, dann können wir den gesamten weiteren Bewegungsverlauf vorausberechnen —, kann Analoges für die Elektronen in einem Atom nicht durchgeführt werden. Und zwar deshalb nicht, weil die *Voraussetzung* genauer Kenntnis der Orte und Geschwindigkeiten der Elektronen zu irgendeinem Zeitpunkt gar nicht erfüllbar ist: Die in der Heisenbergschen Unschärfe-Beziehungen ausgedrückte Komplementarität von Ort und Geschwindigkeit läßt eine Erfüllung dieser Voraussetzung gar nicht zu.

Deshalb sind auch alle Spekulationen aussichtslos (obwohl in der Literatur gelegentlich ernsthaft vertreten), welche die Hoffnung stützen möchten, daß »hinter« der statistischen Gesetzlichkeit der Quantenphysik in fortgesetzter Forschung doch noch eine bislang verborgen gebliebene Determinierung entdeckt werden könnte: Solche Spekulationen verkennen den Ernst der Sachlage, wie er dadurch gegeben ist, daß jeder Meßvorgang, der an einem Elektron oder z. B. einem Atom ausgeführt wird, eine *Auseinandersetzung* mit dem gemessenen Objekt bedeutet — ganz anders als bei Planeten, deren messende astronomische Beobachtung lediglich eine Kenntnisnahme eines sowieso vorhandenen Objektes bedeutet, *ohne* Einwirkung des Meßinstrumentes auf das Objekt.

In den berühmten philosophischen Gedankengängen Kants ist die Auffassung vertreten worden, die Kausalität sei eine »apriorische Gewißheit«, welche durch empirische, experimentelle Forschung weder widerlegt noch bewiesen werden könne. Denn das Vorhandensein lückenloser Kausalität sei eine entscheidende *Voraussetzung* dafür, daß überhaupt empirisch geforscht werden könne.

Auch diese philosophische Lehre ist natürlich mit einbezogen in die von Heisenberg so drastisch ausgesprochene Widerlegung des Kausalitätsprinzips durch die Quantenphysik. Jedoch lag in der Kantschen Überlegung ein Kerngehalt von bleibender Bedeutung, dessen Bewußtmachung uns das Verhältnis der Quantenphysik zum Kausalitätsproblem noch deutlicher verstehen läßt. Die Instrumente, mit denen wir physikalische Messungen machen, müssen in der Tat kausal funktionieren — denn andernfalls könnten sie uns ja gar keine gesicherte Information verschaffen. Wir folgern — von heutigem Wissen aus —, daß unsere Meßinstrumente makrophysikalisch sein müssen, *weil* sie zur Erfüllung ihres Zweckes kausal gebunden sein sollen. Daraus ergibt sich aber wiederum, daß von den Objekten der Mikrophysik gar nicht erwartet werden kann, daß auch sie kausal reagieren. Denn ein Objekt muß ja *einwirken* auf unser Meßinstrument, um diesem Information zu übertragen, und diese Einwirkung kann nur eine *wechselseitige* sein — daß in jeder Wechselwirkung Kraft und Reaktionskraft entgegengesetzt gleich sind, ist ein fundamentales, umfassendes Grundgesetz aller Physik.

Folglich muß die Wechselwirkung eines mikrophysikalischen Objektes mit einem makrophysikalischen, aus zahlreichen Atomen bestehenden Meßinstrument stets eine erhebliche Rückwirkung des Messungsvorgangs auf das Objekt ergeben — daß dabei immerhin noch die Möglichkeit verbleibt, diejenige »Seite« des Objektes, die wir messend beobachten wollen, nach Belieben auszuwählen (wobei dann die dazu komplementäre Seite unkontrollierbar verändert wird), das ist, so könnte man sagen, schon das Äußerste, was überhaupt noch an verbleibender Informationsmöglichkeit erhofft werden kann, wenn man die Grundtatsache der Atomistik aller Materie ernsthaft bedenkt.

Einsteins tiefe Liebe zur Schönheit klassischer Physik (mit Einschluß der in seiner Relativitätstheorie erschlossenen vollen Feldphysik in einer »Riemannschen« Raum-Zeit-Struktur) führte ihn dazu, die Gedanken der von Bohr, Heisenberg und anderen Quantentheoretikern geschaffenen Quantenphysik als abstoßend und unglaubwürdig zu empfinden. Aber man wird in gerechter Betrachtung zugeben müssen, daß auch die Quantentheorie trotz ihrer weiten Verschiedenheit von der klassischen, deterministischen Theorie ihre eigene Schönheit hat: nämlich die Schönheit vollendeter Folgerichtigkeit und Geschlossenheit.

Bohr hat in reizvollen Gedankengängen ausgeführt, daß der neue Begriff der Komplementarität uns auch im naturwissenschaftlichen Verständnis der biologischen Erscheinungen grundsätzlich weiterzuhelfen vermag. Der Verfasser dieses Berichtes hat andererseits vor längeren Jahren dargelegt, daß der Grundbegriff der

Freudschen Psychologie des Unbewußten, der Begriff der »Verdrängung«, enge logische Beziehungen zum Begriff der Komplementarität besitzt.

3. Beobachtung und Messung als Inhalt der Physik

Das Zeitalter der Entdeckungsreisen liegt nun schon einige Jahrhunderte hinter uns. In jenem Zeitalter konnten noch unbekannte Erdteile entdeckt werden — wir denken, wenn dieses Thema in unser Bewußtsein tritt, vor allem an Kolumbus und die Entdeckung Amerikas. Aber das ist nur ein einzelnes Beispiel neben anderen Entdeckungen damaliger Zeit, durch welche die Erde schrittweise aus dem Dunkel des Geheimnisvollen herausgeholt und zum Gegenstand klaren, umfassenden Wissens gemacht wurde.

»Machet euch die Erde untertan!«, dieses große alte Wort — seinem Inhalt nach ein Befehl, ein Auftrag, und zugleich eine unerhörte Ermutigung für den menschlichen Tatendrang und Unternehmungsgeist — dieses Wort hat im Zeitalter der Entdeckungsreisen eine ruhmreiche Erfüllung gefunden. Auch Australien wurde entdeckt, die Durchquerung Afrikas wurde durchgesetzt, die Nordostecke Asiens wurde gefunden, und der schwer erkämpfte westliche Zugang zum Stillen Ozean auf dem südlichen und dem nördlichen Seewege sowie mit Fußmärschen über Mittelamerika wurde erreicht. Menschlicher Abenteuergeist, menschlicher Unternehmungsgeist haben sich gegen die Naturgewalten von Meeren, Wüsten und Hochgebirgen durchgesetzt — so umfassend durchgesetzt, daß für unser eigenes 20. Jahrhundert nur noch letzte Restgebiete des Unbekannten auf der Erde übriggeblieben waren: Amundsen und Scott haben 1911 und 1912 den Südpol erreicht; Sven Hedin hat noch kurz vor dem ersten Weltkrieg die Wüsten Innerasiens durchquert.

Albert Einstein, einer der größten Physiker nicht nur unseres Jahrhunderts, sondern der Physik-Geschichte überhaupt, hat einmal ein kleines Buch veröffentlicht unter dem Titel: »Physik als

Abenteuer der Erkenntnis«; und er hat damit treffend ausgedrückt, daß unser eigenes Jahrhundert, obwohl es dem Zeitalter der Entdeckungsreisen nur noch einen letzten Abschluß geben konnte, dennoch in seiner Weise nicht weniger abenteuerlich verlaufen ist: Dem Abschluß der Besitzergreifung der Erde sind atemberaubende Abenteuer der Forschung, der geistigen Besitzergreifung der Natur nachgefolgt. In zweifacher Richtung, zu den größten und zu den kleinsten Naturgebilden hin, ist unserem Jahrhundert eine gewaltige geistige Wirklichkeitsbemächtigung gelungen. Schon in früherer Zeit war das Planetensystem unserer Sonne richtig verstanden und damit geistig erobert worden — unsere eigene Erde war als einer der Planeten dieser Sonne erkannt und eingeordnet worden. Aber unser Jahrhundert hat die (schon im vorigen Jahrhundert begonnene) Erforschung der *Milchstraße* mächtig fördern können: Wir wissen heute, daß diese Milchstraße, ein riesiges Sternsystem, nicht weniger als hundert Milliarden Sonnen enthält. Wir kennen darüber hinaus zahlreiche in den Tiefen des Weltraumes liegende andere Milchstraßen, andere gewaltige Sternsysteme, und wir sind heute im Begriff, das Ganze des Weltalls, des Kosmos geistig zu erfassen.

Die Physik hat andererseits die *kleinsten* Gebilde der Natur, die Atome und die Elektronen, als Realitäten erweisen können, die eine eingehende experimentelle Erforschung und geistige, theoretische Erfassung erlaubt haben. Die kühne Lehre, welche der griechische Philosoph Demokrit vor zwei bis drei Jahrtausenden in überwältigender Klarheit erfaßt hatte — die Lehre von den Atomen, den winzigen Bausteinen aller Materie — hat damit eine triumphale Bestätigung erfahren. Zur Erforschung der größten und der kleinsten Gebilde der Natur ist mit der modernen Biologie die erfolgreiche Erforschung der kompliziertesten Gebilde der Natur hinzugekommen: ihre überragenden Erfolge beruhen großenteils gerade darauf, daß die Physik unseres Jahrhunderts bis zu den Molekülen und Atomen hinunter der Natur ihre Geheimnisse entreißen konnte. Aber auch im eigensten Rahmen der Physik sind unserem Jahrhundert unerahnte Überraschungen entstanden:

Einerseits im großen Thema der Relativitätstheorie — indem die Entdeckung der Elektronen uns mit Teilchen, mit Körperchen bekannt machte, deren experimentelle Handhabung es uns möglich macht, äußerst schnelle Bewegungen — fast die Lichtgeschwindigkeit erreichend — zustande zu bringen — haben wir erkennen können, von Einsteins Gedankentiefe geführt — daß bei diesen überaus schnellen Bewegungen nicht nur die vom großen Newton erkannten Gesetze der Mechanik eine veränderte Gestalt annehmen; sondern geradezu die Gesetze von Raum und Zeit gewinnen eine neue, veränderte Form, wenn sich äußerst schnelle Bewegungen vollziehen.

Einstein, auf dessen wunderbaren Erkenntnisleistungen bekanntlich die von den Gesetzen äußerst schneller Bewegungen handelnde »Relativitätstheorie« beruht, hat auch bahnbrechend beigetragen zum Beweis der realen Existenz der Atome — deren Realität noch im Anfang unseres Jahrhunderts von hervorragenden Forschern bezweifelt wurde. Einstein hat drittens auch diejenige seltsame Entdeckung ungeahnt vertieft, durch welche Max Planck gerade zur Eröffnung unseres Jahrhunderts die Physiker der ganzen Welt überraschte: Es gibt nicht nur, wie schon Demokrit vermutete, kleinste Bausteine der Materie, sondern auch kleinste, letzte Ureinheiten physikalischer Vorgänge, physikalischen Geschehens, die sogenannten Quantensprünge.

Dieses in unserem Jahrhundert so gewaltig vollzogene »Abenteuer der Erkenntnis« war die folgerichtige Fortsetzung des großen Menschheitsabenteuers, das sich im Zeitalter der Entdeckungsreisen vollzogen hatte. Denn schon diese Entdeckungsreisen waren keineswegs ausschließlich Abenteuer, sondern zugleich auch große Forschungsunternehmen damaliger Zeit. Daß Kolumbus den — von vielen seiner Zeitgenossen für Wahnsinn gehaltenen — Gedanken faßte, durch eine Reise nach Westen zu den Ländern zu kommen, die im fernen Osten liegen, beruhte darauf, daß schon in antiker Zeit bedeutende Philosophen und Astronomen die Kugelgestalt der Erde richtig erkannt hatten — während ihre Zeitgenossen noch an die Vorstellung einer flachen Erdoberfläche glaubten, die ringsum vom Meer umflossen sein sollte. Kühne Denker und Forscher haben damals sogar die Größe der Erdkugel bereits aus astronomischen Messungen heraus zu ermitteln vermocht — mit einer beachtlichen Schärfe, die nur ungefähr 10 Prozent Ungenauigkeit enthielt; diese Ungenauigkeit beruhte übrigens darauf, daß man damals den räumlichen Abstand zwischen Alexandrien und einem Orte Oberägyptens nur nach der Dauer einer Kamelreise beurteilen konnte, was natürlich recht weit entfernt blieb von modernen Präzisionsmessungen.

Kolumbus hatte von der antiken Theorie einer kugelförmigen Erde erfahren, als er den Plan zu seiner Entdeckungsreise faßte. Bekanntlich kam die Entdeckung Amerikas dabei unerwartet zustande — aber der Naturforscher Kolumbus fand die Bestätigung der von ihm in einem kühnen Experiment geprüften Theorie.

Die Umwälzungen, welche die Physik in unserem Jahrhundert erlebt hat, vor allem durch die Einsteinsche Relativitätstheorie und die Plancksche Quantentheorie, sind oft als »revolutionär« bezeichnet worden; und diese Bezeichnung ist sicherlich berechtigt und treffend, wenn sie hervorheben soll, wie einschneidend die neuen Erkenntnisse das physikalische Wissen früherer Zeit verändert und neugestaltet haben. Andererseits ist diese Bezeichnungsweise geeignet, grundsätzlich falsche Vorstellungen zu erwecken, wenn sie so verstanden wird, als wenn die Revolution der Physik Ähnlichkeit hätte mit politischen oder ideologischen Revolutionen. Für diese ist es ja kennzeichnend, daß sie nicht Fortentwicklung, sondern »Abschaffung« und ein »Über-Bord-werfen« des vorher Gewesenen fordern oder vollziehen — und dazu gibt es in der Geschichte der Physik keinerlei Analogie. Sondern alle in der Geschichte der Physik geschehenen Umwälzungen haben stets das vorher Erkannte in den Grenzen seiner Berechtigung voll anerkannt, aber die Notwendigkeit seiner Weiterentwicklung aufgrund der Erschließung neuer Erfahrungstatsachen betont und ihr Rechnung getragen. Man kann das nicht besser oder treffender ausdrücken als in dem Worte »Fortschritt aus Tradition«, welches Eberhard Strauch als Überschrift seiner inhaltreichen kleinen Schrift über die Geschichte der deutschen feinmechanischen und optischen Industrie gewählt hat: Dieses Wort könnte auch als passende Überschrift einer Gesamtgeschichte der Physik oder überhaupt der Naturwissenschaften gewählt werden; denn es hat in der Geschichte der Physik zwar wiederholt große Umwälzungen gegeben, aber stets unter voller Aufrechterhaltung dessen, was schon vorher als richtige Erkenntnis erwiesen worden war. Jedesmal haben neue Erkenntnisse der Physik das vorher bekannt Gewesene zwar als ergänzungsbedürftig (und ergänzungsfähig) erwiesen; aber stets haben sie das von vorangegangenen Forschern Geleistete als Unterlage und Voraussetzung anschließenden Fortschritts benutzt, so daß sich wie in einer Kette Glied an Glied gefügt hat.

Trotzdem bleibt freilich die Tatsache bestehen, daß gerade unser Jahrhundert besonders tiefgehende Veränderungen und Fortentwicklungen physikalischer Denkweisen ergeben hat; und deshalb ist es verständlich, daß die führenden Physiker unserer Zeit sich zu besonders gründlicher, eindringlicher philosophischer Besinnung — oder genauer gesagt, *erkenntnistheoretischer Besinnung* veranlaßt gesehen haben. Erkenntnistheoretische Besinnung pflegen, das bedeutet, grundsätzlich nachzudenken über die geeigneten, die fruchtbaren, die vorwärts führenden Methoden und Gesichtspunkte der Forschungsarbeit; also die Forschungsarbeit selber zum Gegenstande eines Nachdenkens über ihre Zielsetzungen und ihre zweckmäßige, sachgerechte Handhabung zu machen. In diesem Sinne hat der Physiker Ernst Mach nachhaltigen Einfluß auf seine mit physikalischer Forschung beschäftigten Zeitgenossen ausgeübt, insbesondere auch auf Einstein.

Die von Ernst Mach vertretene erkenntnistheoretische Auffassung kann ganz kurz etwa folgendermaßen angedeutet werden: Während ältere Physiker gern die Vorstellung gepflegt haben, daß es die eigentliche Zielrichtung physikalischen Forschens sei, eine hinter der Erscheinungswelt liegende verborgene Wirklichkeit erkennbar zu machen, um dann in dieser verborgenen objektiven Wirklichkeit die Erklärungsgrundlagen zu finden für die

Tatsachen, welche sich unserer physikalischen Beobachtung darbieten, sah Mach die Sachlage gerade umgekehrt. Nach seiner Auffassung sind die eigentlichen Inhalte der physikalischen Erkenntnis die experimentellen Erfahrungstatsachen selber, und man sollte am besten den Begriff »Erklärung« ganz fortstreichen aus dem physikalischen Denken, statt dessen nur von *Beschreibung* der experimentellen Tatsachen sprechend. Dasjenige, was den älteren Physikern gewöhnlich als die eigentliche objektive Wirklichkeit erschien, die man logisch erschließen wollte aus den Erfahrungstatsachen, das ist nach Mach gewissermaßen nur ein Hilfsmittel für vereinfachte Beschreibung der experimentell ermittelten Sachverhalte. Wir pflegen uns ja die geographische Erdbeschreibung zu erleichtern durch Festlegung von Meridianen und Breitenkreisen. Aber wir würden nicht auf den Gedanken kommen, dieses von uns konstruierte geographische Gradnetz als eine eigene, höhere Wirklichkeit anzusehen. Sondern wir sind uns einig, daß dieses Gradnetz lediglich ein Hilfsmittel bequemerer Beschreibung ist; und die eigentlichen Tatsachen der Geographie, auf welche sich diese Beschreibung bezieht, sind die Realitäten der Länder und Meere. Ähnlich ist nach Machs Auffassungsweise das ganze theoretisch konstruierte Bild der objektiven physikalischen Wirklichkeit nur ein Hilfsmittel zur übersichtlichen Beschreibung der Tatsachen, die uns unmittelbar in Form experimenteller Befunde gegeben sind. Diese experimentellen Befunde sind aber, soweit sie hinausgehen über bloße qualitative Beschreibung, Messungsergebnisse. Die Fülle der von den Physikern erreichten Messungsergebnisse ist also die eigentliche physikalische Wirklichkeit. Es ist nicht so, daß wir von diesen Messungsergebnissen aus durch logische Schlüsse eine höhere Wirklichkeit erreichen wollen; sondern umgekehrt ist die theoretische Vorstellungswelt der Physik ein geistiges Hilfsmittel, das uns dazu dienen soll, die Übersicht über die Messungstatsachen zu erleichtern und deren Beschreibung konzentriert zusammenzufassen.

Zum Begriffe des »Beschreibens« gehört offenbar zweierlei: Einerseits die rein *qualitative* Beschreibung, welche in manchen

Zweigen der Naturwissenschaften das Hauptgewicht beansprucht, so etwa in der Biologie, aber auch in weiten Bereichen der Erdwissenschaften. Die Physik könnte geradezu definiert werden als diejenige unter den Naturwissenschaften, welche in höherem Maße als alle anderen die *quantitative* Beschreibung pflegt, oder anders ausgedrückt, welche das Meßbarmachen von Naturerscheinungen oder Naturkräften als Hauptaufgabe ihres Beobachtens, ihres Experimentierens betreibt. In diesem Zweige wissenschaftlicher Forschung ist also die zunehmende Verschärfung der Messungsmittel ein wesentlicher Teil des Gesamtwachstums der Wissenschaft und des von ihr errungenen Schatzes an Tatsachenfeststellungen. Zwar hat es auch in der Geschichte der Physik Ereignisse gegeben, bei denen eine neu errungene Beobachtungsmöglichkeit schon qualitativ so auffällig war, daß jedenfalls dem Fernerstehenden die dabei erzielten neuen Messungsmöglichkeiten weniger deutlich und wichtig erscheinen mußten als die qualitative Bereicherung, zu der gewissermaßen die Natur selber kam, indem wir in den Stand gesetzt wurden, Dinge und Verhältnisse zu beobachten, die uns vorher völlig unerfaßbar waren.

Nur durch eine recht kurze Zeit sind zwei Erfindungen voneinander getrennt, die in ungeheurem Maße dazu beigetragen haben, die moderne Welt, wie sie uns zur Selbstverständlichkeit geworden ist, überhaupt möglich zu machen: Die Erfindung des *Fernrohres* hat nicht nur für die rein terrestrische Beobachtung vorher ungeahnte Möglichkeiten erschlossen, die zur See wie auf dem Lande, im Frieden und im Kriege zu unentbehrlichen Hilfsmitteln des Alltags geworden sind. Sondern in den Händen von Galilei, Scheiner und anderen Forschern ist das Fernrohr zum Hauptmittel — und für einen längeren historischen Zeitraum fast zum einzigen Mittel — unseres Einblicks in die Geheimnisse des Weltalls geworden. Aber ungefähr zur gleichen Zeit wurde auch das *Mikroskop* erfunden — vor dem Staunen der Forscher tat sich eine ungeahnte Welt des Kleinen auf — insbesondere der kleinen, dem unbewaffneten Auge unsichtbaren Lebewesen, während gleichzeitig auch die größeren Lebewesen in ihrem nur mikroskopisch zu erschließenden Feinbau eine Stufenleiter immer feinerer Verhältnisse offenbaren, deren Erforschung zu den Hauptthemen moderner Biologie geführt hat: Daß alle Lebewesen aus »Zellen« bestehen, entweder Einzeller oder Vielzeller sind, das ist die Grunderkenntnis, ohne welche wir uns heute eine Biologie im modernen Sinne überhaupt nicht mehr denken können.

Die ganze erst durch die Mikroskope erschlossene Wunderwelt der einzelligen Lebewesen und des zellulären Feinbaus auch der größeren Organismen hat aber dazu verlockt, Steigerungen der Beobachtungsschärfe noch über die höchste Leistungsfähigkeit der Normalmikroskope hinaus zu erkämpfen: Polarisationsmikroskopie, Fluoreszenzmikroskopie, Ultramikroskopie sind einige Schlagwörter, die uns das in dieser Richtung Erzielte andeuten, mit märchenhaften neuen Erfolgen vor allem in der biologischen Forschung, die mit jedem Schritt zu neuen Beobachtungsmöglichkeiten wiederum neue, vorher noch unerfaßbar gebliebene Strukturfeinheiten entdecken konnte; schließlich hat die Schaffung der Elektronenmikroskope einen nochmaligen gewaltigen Fortschritt erlaubt, der für die Biologie die winzigsten aller Lebewesen oder Beinah-Lebewesen, die Virusmoleküle, sichtbar zu machen vermochte und andererseits den inneren Feinbau lebender Zellen gleichfalls bis zur Größenstufe der Moleküle hinunter zu erfassen erlaubte.

Ebenfalls als zunächst im qualitativen Sinne überwältigend wunderbar haben die *Röntgenstrahlen* es möglich gemacht, nicht nur, wie vorher, die Oberflächenstrukturen z. B. des menschlichen Körpers zu sehen und zu photographieren, sondern auch jene den ganzen Körper durchdringende Durchleuchtung zu erreichen, die unseren Großeltern als so wunderbar erschien und die uns heute längst zur Selbstverständlichkeit geworden ist. Für die Erkennung innerer Körperstrukturen — an lebenden wie an leblosen Körpern — auf dem Wege der Durchleuchtung hat aber später auch der Ultraschall weitere Möglichkeiten ergeben, die in mancher Hinsicht der Röntgen-Durchleuchtung ebenbürtig sind. Aber statt der sehr kleinen Wellenlängen des Ultraschalls kann man auch viel größere Wellenlängen benutzen: Die Geophysiker haben in moderner Zeit eine ergebnisreiche Durchleuchtung des Erdkörpers, des Erdinnern vollführen können, indem sie die Erschütterungswellen von Erdbeben benutzten. (Vergl. Abb. S. 44.)

Noch einmal zurückkehrend zu den Röntgenstrahlen selber wollen wir betonen, daß sie neben dem qualitativ Neuen und Wunderbaren dann auch nach der quantitativen Seite — also für die Aufgaben physikalischer Messungen — ebenso Wunderbares geleistet haben, seitdem sie (nach einem genialen Gedanken Max v. Laues) zur Durchleuchtung von kristallisierten Substanzen verwendet wurden. Auf diese Weise haben sie uns Möglichkeiten gegeben, die Lagerung der Atome im Aufbau von Kristallen in erschöpfender Ausführlichkeit auszumessen — unser Wissen vom Feinbau der Materie hat sich auf dieser Grundlage ungeheuerlich verbreitet und vertieft.

Galilei, der Hauptbegründer des Zeitalters der Fernrohr-Astronomie, hat nicht nur im Planetensystem unserer Sonne — er selber gehörte ja zu den frühesten Forschern, die mit vollem, tiefem Verständnis die Lehre des Kopernikus verstanden und angenommen hatten — eine Reihe wunderbarer Entdeckungen gemacht, von denen ich nur die Monde des Jupiter (genauer: mehrere von ihnen) im Vorbeigehen erwähnen will. Sondern er hat durch seine astronomischen Fernrohr-Beobachtungen auch die Erkenntnis erreicht, daß unsere Milchstraße — dieses dem unbewaffneten Auge wie ein Schleier von Licht erscheinende leuchtende Band am Himmelsgewölbe — aus zahllosen Sternen zusammengesetzt ist. Erst im vorigen Jahrhundert konnte Herschel als Pionier der Milchstraßenforschung den Versuch wagen, wenigstens in roher Schätzung zu bestimmen, wie viele Sonnen in diesem Sternsystem enthalten sind, zu welchem auch alle uns mit freiem Auge erkennbaren Sterne hinzugehören. Seine Schätzung belief sich auf 20 Millionen. Erst die Astronomie unseres Jahrhunderts hat diese Schätzung wesentlich verbessern können: Es sind rund 100 Milliarden Sonnen, wie ich vorhin schon einmal erwähnte.

Dies ist ein Beispiel dafür — nur ein einzelnes Beispiel unter

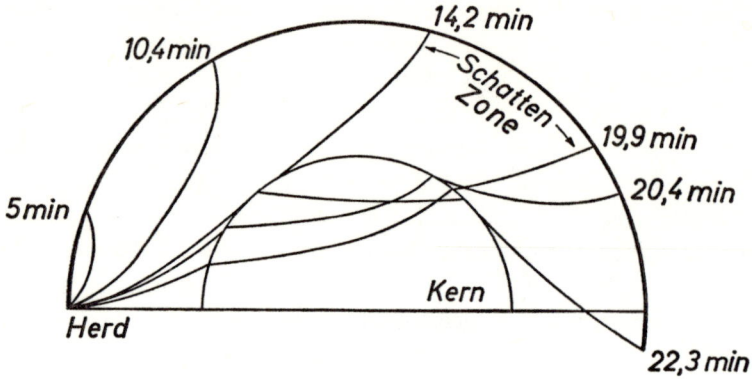

Die seismische Durchleuchtung der Erde. Die seismographische Beobachtung ergibt den Zeitunterschied zwischen dem Ereignis im Erdbebenherd und dem Eintreffen des »Schalls« am Beobachtungsort. Daraus kann der Verlauf der »Schallstrahlen« im Innern des Erdkörpers mathematisch berechnet werden.

sehr vielen —, daß die Fernrohr-Astronomie uns nicht nur qualitativ Neues eröffnet hat — in der Fülle der unerwarteten Bilder, die sie geliefert hat von Sternen und Sternsystemen, sondern daß sie auch der messenden Erforschung des Weltalls einen ungeheuren Reichtum neuer Möglichkeiten geliefert hat. Es ist eine denkwürdige Tatsache, daß eine der größten Entdeckungen der ganzen Naturwissenschaft in ihrer über mehrere Jahrtausende erstreckten Geschichte — nämlich die Entdeckung der Keplerschen Gesetze des Planetenumlaufs — zustande kommen konnte, als es noch kein Fernrohr gab. Der berühmte Astronom Tycho de Brahe war der letzte astronomische Forscher, der noch ohne Fernrohr überragende Leistungen erzielt hat: Durch den Bau sehr großer und äußerst genauer Meßinstrumente hat er es fertiggebracht, in der Vermessung von Sternörtern eine Genauigkeit von Bruchteilen einer Bogenminute zu erreichen. Auch hat er für mehr als tausend Fixsterne die mit dieser nie zuvor erreichten Genauigkeit gemessenen Örter eingetragen auf einer großen Himmelskugel aus Kupfer, deren Herstellung die ungeheure Summe von 5000 Talern verschlungen hatte. Mit dieser Messungsschärfe hat er auch die Planetenbahnen vermessen; und das mathematische Genie Keplers hat aus seinen Ergebnissen erkennen können, daß die wahren Planetenbahnen nicht Kreise, sondern Ellipsen sind.

Aber nach Einführung des Fernrohrs in die Astronomie konnte eine noch wesentlich genauere Messung von Sternörtern durchgesetzt werden; und wiederum hat diese *Erhöhung der Meßgenauigkeit* auch zu grundsätzlich neuen Erkenntnissen geführt, die bei weniger genauen Messungen noch nicht erreicht werden konnten. So hat im vorigen Jahrhundert, also recht lange nach den Lebenszeiten der Forscher-Giganten Kopernikus, Galilei, Kepler der Astronom Bessel endlich die sogenannten Parallaxen derjenigen Sterne messen können, welche als nächste Nachbarsonnen unserer eigenen Sonne zu bezeichnen sind — sie führen am Himmelsgewölbe jahreszeitlich winzige scheinbare Bewegungen relativ zum Hintergrund der noch entfernteren Sterne aus. Erst mit dieser Feststellung war eigentlich die Richtigkeit der kopernikanischen Lehre vom Umlauf der Erde um die Sonne wirklich bewiesen — Tycho Brahe, der trotz seiner unerhörten Meßgenauigkeit diese winzigen parallaktischen Bewegungen doch noch nicht erkennen konnte, zweifelte deshalb an der Richtigkeit der Lehre des Kopernikus.

Der schon erwähnte Astronom Herschel, der im vorigen Jahrhundert an das große Unternehmen einer planmäßigen Untersuchung der Milchstraße herangegangen ist, war übrigens nicht nur astronomische Forscher, sondern auch erfolgreiche Schleifer von Fernrohrlinsen und Fernrohrhohlspiegeln. Der enge Zusammenhang wissenschaftlichen Denkens mit hochgesteigerten handwerklichen Fähigkeiten, welcher zu den bezeichnenden Merkmalen hochgezüchteter Optik gehört, verwirklichte sich im Beispiel Herschels glänzend. Für seine Untersuchung der Milchstraße hatte sich Herschel das damals größte Fernrohr der Welt gebaut.

Unser Jahrhundert hat nicht nur das Fernrohr Herschels überboten, sondern es hat auch den Bereich astronomischer Forschung weit über die Grenzen unserer eigenen Milchstraße ausgedehnt. Das heute größte Fernrohr der Welt steht in Kalifornien auf dem

Mount Palomar — sein großer Hohlspiegel hat einen Durchmesser von 5 Metern und ein Gewicht von 20 Tonnen. Nun muß ja beim Photographieren am Himmelsgewölbe, bei langzeitiger Exposition, das Fernrohr ständig bewegt werden — es muß nachgeführt werden gegenüber der scheinbaren Drehung des Himmelsgewölbes, die sich ergibt aus der Drehung unserer Erde. Diese Nachführung — bei der nicht nur der Hohlspiegel allein zu bewegen ist, sondern das ganze Fernrohr im Gewicht von etwa 500 Tonnen — muß aber nicht nur mit größter Genauigkeit, sondern auch im höchsten Grade reibungsfrei geschehen. Denn winzige Stockungen der Bewegung, hervorgerufen durch Reibungswiderstand, würden Spannungen im Gerät erzeugen; und der Glaskörper des Hohlspiegels ist infolge seiner Größe sehr geneigt, unter dem Einfluß von Spannungen geringe elastische Verbiegung zu erleiden. Er würde aber seine optische Leistungsfähigkeit schon weitgehend verlieren, wenn er durchgebogen würde um mehr als ein Zehntausendstel Millimeter. Diese bewußt oberflächlich gehaltenen Zahlenangaben mögen uns eine Ahnung davon geben, welche Maße an Mühe und Anstrengung, aber auch an technisch-konstruktivem Können hineingebaut sind in dieses größte Fernrohr der Erde — welches wahrscheinlich für immer eines der größten Fernrohre der Erde bleiben wird. Denn da die Luft-Unruhe die Aufstellung noch merklich größerer Fernrohre auf der Erdoberfläche als technisch unzweckmäßig erscheinen läßt, so könnte ein noch wesentlich größeres Fernrohr wohl nur auf dem Mond, wo es keine Lufthülle gibt, eine zweckmäßige Aufstellung finden.

Die nächsten Nachbarsonnen unserer eigenen Sonne sind von uns schon so weit entfernt, daß das von dort zu uns kommende Licht mehrere Jahre auf der Reise gewesen ist — sie sind, wie der Astronom es gerne ausdrückt, mehrere Lichtjahre von uns entfernt. Ein Lichtjahr bedeutet rund 10 Billionen km — wobei die Billion im Sinne deutschen Sprachgebrauches Million mal Million bedeutet.

Die Milchstraße ist ein großer Diskus, dessen Durchmesser etwa 100 000 Lichtjahre, und dessen Dicke etwa 20 000 Lichtjahre

beträgt. Die Mehrzahl der 100 Milliarden Sonnen in dieser Milchstraße leuchtet schwächer als unsere eigene Sonne und außerdem
rötlicher. Aber es gibt unter den verschiedenartigen Milchstraßen-
sonnen auch solche, die viel heller als unsere Sonne sind und
außerdem eine heißere Oberfläche besitzen, daher weiß bis blau
leuchten. Im Gegensatz zu der einigermaßen gleichmäßigen Verteilung der rötlichen Sonnen der Milchstraße sind diese sehr hellen
und heißen, weiß bis blau leuchtenden Sonnen stellenweise dichter
zusammengehäuft — ihre Anhäufungen bilden ein großes System
leuchtender Spiralarme innerhalb des großen Diskus.

Man kann diese Aussage erst seit kurzer Zeit mit völlig gutem
Gewissen machen. Zwar waren die Astronomen schon seit längerer Zeit recht überzeugt, daß unsere Milchstraße derartige leuchtende Spiralarme hätte — aber der Beweis dafür ist erst in der
Nachkriegszeit gelungen. Denn in der Nachkriegszeit hat die
Astronomie ein neues Sinnesorgan gewonnen: Heutige Astronomie arbeitet nicht nur mit optischen Geräten, sondern auch mit
großen *Radargeräten*. Die Lufthülle unserer Erde, welche für
Ultraviolett und auch für Ultrarot fast undurchlässig ist und nur
den kleinen Wellenlängenbereich des sichtbaren Lichtes gut durch-
läßt, läßt andererseits auch elektrische Kurzwellen zwischen ungefähr 1 cm und 10 m Wellenlänge ausgezeichnet durch. Und die
aus dem Weltraum zu uns kommenden elektrischen Kurzwellen
haben es insbesondere erlaubt, endlich auch die Spiralarme unserer
Milchstraße erkennbar zu machen.

Trotz ihrer gewaltigen Größe ist unsere Milchstraße keineswegs
ein einzigartiges Gebilde im Weltall, sondern es gibt andere, ihr
ähnliche, ihr verwandte Gebilde. Das große Fernrohr auf dem
Mount Palomar vermag fremde Milchstraßen noch bis in Entfernungen von zwei Milliarden Lichtjahren zu erkennen; und in
dem damit erforschbaren kugelförmigen Ausschnitt des Weltraums
— mit einem Radius von zwei Milliarden Lichtjahren — sind etwa
eine Milliarde von Milchstraßen enthalten.

Photographische Bilder von Sternsystemen vermitteln uns nicht
nur Informationen, durch welche wir die riesigen Gebilde des

Weltalls genauer kennenlernen, sondern sie überraschen uns auch durch die Schönheit dessen, was wir — mit Fernrohren höchster Präzision ausgerüstet — im Weltall zu sehen bekommen. Die Erarbeitung der Informationen, die in diesen Bildern enthalten sind, erfordert freilich noch eine mühsame und umständliche *Auswertung* der photographischen Bilder mit Instrumenten hoher Präzision. Es ist deshalb der Gedanke entstanden, auf die Entstehung schöner Bilder ganz zu verzichten und statt der Photoplatten an den Fernrohren sogleich Meßinstrumente anzubringen, die in automatisierter Arbeitsweise unmittelbar diejenigen Diagramme zustande kommen lassen, welche bei der heutigen Arbeitsweise erst auf dem Umweg über photographische Bilder gewonnen werden können. Man würde mit dieser Ausstattung der astronomischen Fernrohre, die augenblicklich noch ein Wunschtraum der Astronomen ist, die Leistungsfähigkeit der Fernrohre noch etwa verzehnfachen können.

Die moderne Entwicklung hat auch den Radargeräten der sogenannten *Radio-Astronomie* riesige Ausmaße gegeben und eine Reihe verschiedener Konstruktionsprinzipien in ihnen verwirklicht. Berühmt ist ein Radar-Hohlspiegel, der in England arbeitet, und in welchen bei seinem Durchmesser von rund 80 Metern ungefähr 2000 Tonnen Stahl verbaut sind. Ein ihm ähnliches, noch größeres Gerät in der Bundesrepublik verwirklicht einen besonderen Konstruktionsgedanken zwecks Vermeidung einer technischen Hauptschwierigkeit solcher Radar-Hohlspiegel: Man kann nicht verhindern, daß ein solches Gerät durch seine eigene Schwere einer gewissen Verbiegung unterliegt, die noch dazu verschieden in Richtung und Größe ist, je nach der Stellung des Hohlspiegels, der als drehbar konstruiert sein muß. Die deutsche Konstruktion — die für eine Reihe von Jahren die größte ihrer Art in der Welt bleiben wird — vermeidet diese Schwierigkeit dadurch, daß dem Hohlspiegel eine Gestalt gegeben ist, welche erst durch Eintreten der jeweiligen Verbiegung die gewünschte, ideal geeignete Form annimmt. Man erkennt an diesem Beispiel, daß sich in den großen heutigen Instrumenten der Radio-Astronomie der Wissensschatz der Optik — der auch bei technischer Benutzung dieser elektrischen Kurzwellen zur Geltung kommt — verbindet mit Höchstleistungen feinmechanischer Präzisionsarbeit.

Die Erkennung der Spiralarme unserer eigenen Milchstraße ist dadurch möglich geworden, daß diese Anhäufungen sehr heller, sehr heißer Sterne zusammenliegen mit relativen Häufungen riesiger Wolkenschwaden von hochverdünntem Wasserstoffgas. Die moderne Atomphysik hat klargestellt, daß solche kosmische Wolken von verdünntem Wasserstoff elektrische Kurzwellen liefern müssen, deren Wellenlänge von 21 cm gerade den Methoden der Radio-Astronomie zugänglich ist. Auf dieser Grundlage konnten holländische Astronomen die seit langem nur vermutete Existenz von Spiralarmen unserer Milchstraße endlich beweisen.

Andererseits hat die Radio-Astronomie entdeckt, daß ein kleiner Anteil der Milchstraßen im Weltall sogenannte Radio-Milchstraßen sind: Aus Gründen, die noch immer recht rätselhaft sind, liefert eine kleine Minderheit der uns bekannten Milchstraßen (immerhin mehr als zehntausend) neben ihrem optischen Licht auch auffällige Kurzwellenstrahlung. Dieses Rätsel hat sich noch sehr verdichtet, als vor wenigen Jahren erste Beispiele einer noch viel selteneren Art von Milchstraßen gefunden wurden: Sie sind mit dem Kunstwort »Quasars« bezeichnet worden. Es handelt sich ebenfalls um Radio-Milchstraßen, aber mit einer gegenüber den anderen Beispielen noch etwa hundertfach gesteigerten Strahlungsstärke. Nur wenige hundert Beispiele dieser geheimnisvollen *Leuchttürme des Weltalls* — so könnte man sie nennen — sind bis heute entdeckt; sie liegen in Fernen bis zu 10 Milliarden von Lichtjahren, weit über die optische Reichweite des Palomarfernrohres hinaus.

Mit diesem Vorstoß modernster Forschungsergebnisse in unerhörte räumliche Entfernungen — und zugleich rückwärts in riesige Ferne der Vergangenheit, da wir ja diese Quasars so sehen, wie sie vor entsprechend vielen Milliarden von Jahren einmal gewesen sind, damals, als die jetzt bei uns ankommende Strahlung von ihnen ausging — ist unser Blick ins Weltall räumlich und zeitlich ungeheuer erweitert worden. Es gehört zu den eingangs berührten revolutionären Umgestaltungen unserer physikalischen Denkformen, daß wir heute weder die unendliche Größe des Weltraums noch die Unendlichkeit der Zeit als unabänderliche Denkformen unserer Auffassung der astronomischen Wirklichkeit ansehen. Starke Gründe sprechen dafür, daß der Weltraum, obwohl er gewiß als unbegrenzt vorgestellt werden muß, dennoch keineswegs unendlich groß ist. Und andererseits scheint es so zu sein, daß die Zeit — die Zeit als solche — keineswegs in unendliche Vergangenheit zurückreicht, sondern einen echten Anfang genommen hat, einen Anfang vor etwa 12 Milliarden Jahren gehabt hat. Die Urexplosion, mit welcher damals, vor 12 Milliarden Jahren, das Weltall seine Existenz begonnen hat — als ein zunächst nur winzig kleiner Raum — setzt sich noch heute fort in einem laufenden Wachstum des Weltraums, in einer astronomisch meßbaren *Expansion des Gesamtsystems aller Milchstraßen*. Ein unmittelbares Zeugnis dieser Urexplosion ist radioastronomisch entdeckt worden in Gestalt einer in den ersten Minuten nach Zeitbeginn entstandenen, damals ungeheuer heiß gewesenen Strahlung, deren fast bis zum absoluten Nullpunkt der Temperatur abgekühlter Restbestand heute noch das ganze Weltall erfüllt und mit radioastronomischen Instrumenten wahrnehmbar ist.

Diese märchenhaften Fortschritte moderner Erforschung des Weltalls im Ganzen machen uns deutlich, daß es sich lohnt, in der Konstruktion immer weiterreichender Beobachtungsinstrumente und immer präziserer Meßinstrumente den Wissensschatz heutiger Astronomie und Physik rastlos zu erweitern. Nicht nur Vermehrung der Einzelheiten unseres Wissens, sondern die Aufdeckung früher ungeahnter großer Zusammenhänge im kosmischen Geschehen — von den Atomen und Elektronen bis zu den Milchstraßen und zum Kosmos im Ganzen — sind der Lohn dieser Anstrengungen. Zweifellos werden Optik und Feinmechanik führend bleiben auch in den Forschungsentwicklungen der Zukunft, die uns weitere wunderbare Überraschungen bringen werden. Die begonnene Raumfahrt hat es ermöglicht, daß wir nicht nur andere Himmelskörper zur Untersuchung an uns heranholen, sondern wenigstens die nächsten von ihnen — unseren Mond und die Planeten unserer Sonne — selber aufsuchen können — mit unbemannten und sogar bemannten Raumfahrzeugen. Es ist selbstverständlich, daß in der neuen Raumfahrttechnik wiederum die Präzisionsmethoden optischer Geräteerzeugung eine führende Rolle spielen: Sensoren für die Weltraumforschung oder andererseits die Schaffung von Laser-Geräten gehören ja heute schon zum Produktionsprogramm von Firmen, die früher das Hauptgebiet ihrer Arbeit in Feldstechern oder Photoapparaten sahen.

Eine denkwürdige Steigerung der astronomischen Messungsmöglichkeiten hat sich ergeben, seit bei einer Mondexpedition dort ein *Reflektor für Laser-Signale* aufgestellt wurde: Mit seiner Hilfe wir es möglich sein, die Entfernung dieses Aufstellungsortes auf dem Mond von irdischen Laboratorien laufend zu überwachen mit einer Meßgenauigkeit, deren Fehler nur noch Bruchteile eines Meters beträgt — diese alle frühere Vermessung astronomischer Größen und Entfernungen in den Schatten stellende Präzision wird für eine Fülle grundsätzlich bedeutungsvoller Probleme Antworten möglich machen, die im Anfang unseres Jahrhunderts noch niemand erträumt hätte.

4. Die beobachtbaren Größen in der Atomphysik

Die großen Begründer der Quantentheorie — wie Planck, Einstein, Bohr, Born, Sommerfeld, Stern, Franck, Ehrenfest, Nernst — sind nicht mehr unter uns. Aber *Heisenberg*, Vertreter einer merklich jüngeren Generation, vermochte sich schon in seinen Studentenjahren in die Reihen der aktiven Gestalter dieser Theorie einzuschalten. Sein Name bleibt verbunden mit einem unvergleichlich lebendigen Kapitel der Physikgeschichte, und die Physiker werden sich ihrer Gemeinsamkeit erneut bewußt im Rückblick auf eine Forschungsepoche, die in der Enträtselung der Linienspektren und der Zeeman-Effekte von 1913 an so erstaunliche Triumphe erzielen konnte, die dann später mit Heisenbergs Begründung der Quantenmechanik einen historischen Höhepunkt erlebte und die erst vor wenigen Jahren mit der von Heisenberg versuchten »Weltformel« zu einem Ansatz für eine grundsätzliche Gesamterfassung der Erscheinungsformen der Materie führte. Diese wird noch für lange Zeit auch den Jüngeren Aufgaben stellen, von deren Lösung wir vielleicht noch weit entfernt sind.

Als Altersgenosse Heisenbergs darf ich vielleicht von einem Gespräch erzählen, das in der unvergeßlichen Zeit der ersten zwanziger Jahre im Arbeitszimmer Max Borns zwischen uns Dreien geführt wurde. Es bezog sich auf eine Frage, die in damaligen Veröffentlichungen aktuell geworden war. Man befand sich noch im Zeitabschnitt jener vorläufigen halb klassischen Quantentheorie der Atome, die sich bemühte, klassisch vorgestellte Elektronenbewegungen in den Elektronenhüllen der Atome nach klassischer Mechanik zu berechnen und die Ergebnisse durch eine nachträgliche »Quantelung« den Quantengesetzen anzupassen. Die Frequenzen für Absorption und Emission wurden dann in der damals uns allen so gewohnt gewordenen Weise durch Differenzbildung theoretisch gewonnen, während sie nach der klassischen Mechanik als Differentialquotienten zu ermitteln gewesen wären. Die damals umstrittene Frage lautete: Werden die kritischen Frequenzen der Dispersion übereinstimmen mit den klassischen Bewegungsfrequenzen der Elektronen oder mit den durch die Term-Differenzen gegebenen Spektralfrequenzen der Emission und Absorption?

Ich habe im Gespräch einige Sympathie für die erstere Möglichkeit ausgedrückt, aber Heisenberg widersprach mit etwa folgender Begründung: »Für die klassische Theorie war es ein wesentliches allgemeines Gesetz, daß die Dispersions-Frequenzen übereinstimmen mußten mit denen der Absorption/Emission. Diese Übereinstimmung dürfte auch in einer exakten Quantentheorie bestehenbleiben.«

Diese Bemerkung ist mir deshalb tief in Erinnerung geblieben, weil sie mir schlagartig die Vorstellung verständlich machte, mit der Heisenberg schon damals an eine künftige exakte Quantengesetzlichkeit dachte: Der Denkweise des Bohrschen Korrespondenzprinzips folgend, schwebte ihm eine zu entdeckende Gesetzmäßigkeit vor, die trotz der einschneidenden Verschiedenheit des sprunghaften Quantengeschehens von allen stetigen klassischen Verläufen eine enge formale Ähnlichkeit der damals noch unentdeckten vollständigen Quantengesetze mit den klassischen Gesetzen bewahrte und aufrechterhielt.

Ich kann mich an kein anderes Beispiel meines Lebenslaufes als Physiker erinnern, in dem ein einziger Satz mir soviel Aufschluß gab, soviel Eindruck machte und so tiefgreifend gewissermaßen mein eigenes Denken verwandelte.

Dieser eine Satz hatte mich schlagartig zum Verständnis dessen geführt, was Bohr mit seinem »Korrespondenzprinzip« eigentlich wollte und erstrebte. Vorher war mir der Sinn dieser Bohrschen Bestrebung nicht nur unverständlich, sondern auch nahezu unheimlich und verdächtig gewesen — Sommerfelds bekannte Vorbehalte hinsichtlich des Korrespondenzprinzips hatten meine volle Zustimmung gehabt. Aber der von Heisenberg ausgesprochene

Satz erschloß mir die Gedankenwelt, in der Bohr und Heisenberg damals lebten; auf dieser Grundlage vermochte ich etwas später den Heisenbergschen Ansatz zu einer endgültigen Formulierung exakter Quantengesetze hinsichtlich seiner Absicht zu verstehen, so daß wir drei Gesprächsteilnehmer Schritte tun konnten, die unerhörte Fruchtbarkeit des Heisenbergschen Ansatzes in ausführlicher Entfaltung sichtbar zu machen.

Wenn ich anschließend etwas erwähnen darf, was mir in der Entwicklung jener Jahre um 1924 besonders beglückend schien, so möchte ich unterstreichen, daß Heisenberg für mein Gefühl mit seinem Vorstoß zu einer exakten Quantenmechanik auch endlich die genau richtige Einstellung gefunden hatte zu der erkenntnistheoretischen Problematik, die Ernst Mach den Physikern aufgegeben hatte.

Da auch Einstein noch in späten Lebenserinnerungen wiederholt bekannt hat, in seiner Jugend von Ernst Mach stark gefesselt und beeindruckt gewesen zu sein, so brauche ich mich nicht zu scheuen, zu bekennen, daß ich mein Studium 1921 als recht extremer Anhänger von Mach begann. Ich teilte damals fast sogar die Zweifel an der realen Existenz der Atome, die von Mach und Ostwald ausgesät waren. Übrigens hat der verehrungswürdige Otto Stern mir noch kurz vor seinem Lebensabschluß erzählt, daß ein Physiker oder Chemiker, der zur Generation seiner eigenen Lehrer gehört hatte, ihm später (als bereits der Stern-Gerlach-Effekt berühmt geworden war) gesagt habe: »Bei mir würden Sie seinerzeit als Anhänger der Atom-Hypothese durch das Examen gefallen sein.« Man erkennt aus dieser Anekdote, wie stark die kritische Ablehnung der Atomvorstellung seinerzeit auf das zeitgenössische Denken eingewirkt hatte — in einem uns heute kaum noch vorstellbaren Maß. (Einsteins ursprüngliche hohe Anerkennung Machs war ja durch eine kritische Beurteilung abgeschwächt, nachdem gerade Einstein erste Wege gefunden hatte, empirisch zum Beweis der realen Existenz der Atome zu kommen. Seine danach entstandene etwas tadelnde Beurteilung Machs war wohl so gemeint, daß Mach trotz der logischen Richtigkeit seiner Kritik an der damals noch unbewiesenen Atom-Hypothese doch physikalischen Instinkt genug hätte haben sollen, um zu merken, daß es zur Zeit seiner Kritik bereits auch Anlässe gab, diese Hypothese jedenfalls als einen prüfenswerten Verdacht anzusehen.)

Nur widerstrebend war ich zu dem Beschluß gekommen, die Atommodelle, mit denen sich nun die Spektroskopie auseinandersetzte, trotz Machscher Bedenken ernstzunehmen (wobei ich, bevor mir die oben erwähnte Heisenbergsche Bemerkung eine blitzartige Erleuchtung gegeben hatte, freilich mehr dem Gedankenstil Sommerfelds als demjenigen Bohrs zuneigte). Heisenbergs Vorstoß zu einer exakten Quantenmechanik wurde aber von ihm auch bezeichnet als eine Formulierung von Beziehungen zwischen meßbaren Größen, und das bedeutete, daß der ganze Spuk der inneratomaren Elektronen-Bewegungen weggewischt wurde und daß der Grundgedanke Machscher Erkenntnistheorie zur vollen Erfüllung kam. Die von Einsteins Aufklärung der Brownschen Bewegung ausgegangene empirische Rechtfertigung der Atomvorstellung hatte in dem tastenden Versuch zu ihrer quantentheoretischen Ausgestaltung ein klares Bild ergeben von solchen Eigenschaften der Atome, die zweifelsohne einer Messung zugänglich sind — in einer Weise, die auch extremen Mach-Anhängern keine Angriffsflächen mehr bot. Meßbare Atomeigenschaften sind insbesondere die Energiestufen der Anregungszustände, ferner die zugehörigen optischen Übergangswahrscheinlichkeiten; und seit der Entdeckung des von Heisenberg und Kramers analysierten Raman-Effektes sogar gewisse mit definierten Phasen versehene komplexe Zahlen, deren Absolutquadrate dann Übergangswahrscheinlichkeiten liefern. Die Grundgesetze einer quantentheoretisch gefaßten neuen Mechanik zu formulieren als Beziehungen zwischen den so definierten meßbaren Eigenschaften der Atome war eine beglückende Erfüllung der Machschen erkenntnistheoretischen Forderungen, deren unrichtige Konkretisierung — als Verneinung der Atome — überwunden werden mußte, aber nun auf den rechten Weg gebracht wurde als Verneinung aller klassisch gedachten inneratomaren Bewegungen von Elektronen.

Als nach der Vollendung der eigentlichen Quantenmechanik die Problematik einer »Quantenelekrodynamik« in den Vordergrund der anschließenden Aufgaben zu treten begann, neigte Heisenberg zwar anfangs zu einer vorsichtigen Skepsis gegenüber der vom Verfasser gehegten, dann von Dirac machtvoll unterstützten Überzeugung, daß die Lösung des Einsteinschen Lichtquanten-Rätsels darin liegen müsse, den Formalismus der Quantenmechanik nicht nur auf mikrophysikalische mechanische Systeme anzuwenden, sondern auch auf das Maxwell-Feld als solches. Aber es war selbstverständlich, daß Heisenberg, sobald er sich zur Annahme dieses Gedankens entschloß, in seiner mit Pauli ausgeführten Untersuchung sogleich auch für die Quantenelektrodynamik die Spitzenführung übernahm. Die erheblichen mathematischen Schwierigkeiten, die in der Verfolgung dieses Weges angetroffen wurden und für deren weitgehende Überwindung der Begriff der »Renormalisierung« zentrale Bedeutung gewonnen hat, können hier nicht im einzelnen besprochen werden. Allgemein bekannt ist, daß Heisenberg dann den kühnen Versuch eingeleitet hat, zu einer Gesamterfassung aller vorkommenden Arten von Elementarteilchen vorzudringen, in einer Theorie, die neben dem Planckschen Wirkungsquantum auch die Elementarlänge als eine Grundkonstante der Mikrophysik anerkennt. Ebenso ist bekannt, daß die ungeheuren mathematischen Schwierigkeiten dieser kühnen Theorie — um deren Analyse sich Dürr besondere Verdienste erworben hat — noch keine endgültige, von allen Spezialisten einheitlich beurteilte Klarstellung der Tragweite der neuen Theorie zustande kommen ließ.

Noch heute, zurückblickend auf eine Forscherleistung, die ein wesentliches Stück der Geschichte unseres Jahrhunderts bedeutet, steht Heisenberg mitten in der Brandungszone aktuellster Probleme.

5. Die Zukunft der Physik

Ein Versuch, über die Zukunft der Physik zu sprechen, trifft auf einige günstige Umstände und einige schwierige. Günstig ist sicherlich der Umstand, daß die Klarheit der Physik selber auch ihren noch ungelösten Fragen einen deutlichen Inhalt gibt. Aber diese Klarheit ergibt andererseits die Schwierigkeit, daß irgendeine theoretische Vermutung über offene Fragen in unserem Verständnis der Grundgesetze der Physik kaum in ähnlicher Klarheit ausgesprochen werden kann, solange wir nicht imstande sind, mindestens versuchsweise eine neue Theorie zu skizzieren, die teilweise bereits bestimmte Antworten auf diese Fragen andeutet.

Eine andere Schwierigkeit ist natürlich gegeben durch den weiten Umfang dringender Probleme der Physik. Diese Schwierigkeit kann kaum anders behandelt werden als durch eine scharfe Begrenzung meines Berichtes auf solche Fragen, welche die Gesetze der theoretischen Physik betreffen, unter Ausschließung all dessen, was zu den technischen Anwendungen gehört.

Schon vor drei Jahrzehnten hörte ich von Heisenberg die Bemerkung, daß die Physik der Atomkern-Reaktionen sich in kurzer Zeit von einem Kapitel der Physik zu einem Kapitel der modernen Technologie entwickelt hat. Auch andere Kapitel der modernen Physik, wie beispielsweise die Festkörperphysik, sind eng verknüpft mit technologischen Aufgaben. Die Zukunft der Erforschung unseres Planetensystems wird abhängen vom weiteren Fortschritt der Raketen- und Raumfahrttechnik, sowie andererseits von der weiteren Verfeinerung und Leistungssteigerung der Elektronik und ihrer Anwendungen in Radartechnik und Computertechnik. Eine der dringendsten Aufgaben der Kernphysik — die Durchführung kontrollierter Umwandlung von schwerem Wasserstoff in Helium — ist mehr eine Aufgabe technologischer als rein physikalischer Art, und entscheidende Hilfe für ihre Lösung mag vielleicht entstehen aus den neuesten Fortschritten in der technischen Nutzbarmachung der Supraleitung.

Daher wollen wir unsere Betrachtung hier beschränken auf solche Fragen, die unser Verständnis der tiefsten und allgemeinsten Gesetze der Physik betreffen. In der Mikrophysik haben wir schon seit vier Jahrzehnten eine abschließende Lösung des Problems des Planckschen Wirkungsquantums h erreicht. Die Theorie der Elektronen und ihres Verhaltens in Atomen, beherrscht von Quantengesetzen, wurde exakt verstanden und formuliert durch die Quantenmechanik in ihrer Matrix-Formulierung und ihrer wellenmechanischen Formulierung, und ein großer Teil der Kernreaktionen konnte verstanden werden mit gleichartigen begrifflichen Hilfsmitteln. Gebrauch machend von den wundervollen Errungenschaften der modernen Beschleunigungstechnik, haben die Experimentatoren seitdem ein neues großes Kapitel der Physik eröffnen können: Wir erkannten die Existenz vieler Arten von Elementarteilchen, die noch vor wenigen Jahrzehnten unbekannt waren. Eine gewaltige Menge neuer empirischer Tatsachen ist durch diese Forschungen zusammengetragen, und neue Rätselfragen sind dem theoretischen Verstehen gestellt worden.

Die ältere Generation der Physiker, zu der ich selber gehöre, muß — so schein mir — eine überraschende Ähnlichkeit empfinden mit derjenigen Sachlage, die sich in der Quantenphysik entwickelte während des ersten Viertels dieses Jahrhunderts, als spektroskopische Gesetze der Hauptgegenstand der quantenphysikalischen Forschung waren. Experimentelle Anstrengungen machten uns bekannt mit einem ungeheuer umfangreichen empirischen Material, uns das Vorhandensein eines großen Reiches von Naturerscheinungen zeigend, die offenbar auf der Grundlage der alten klassischen Physik nicht verstanden werden konnten, weil sie das Auftreten typischer Quantenerscheinungen zeigten. Aber von Niels Bohr und anderen führenden Physikern damaliger Zeit lernten wir, daß immerhin teilweise das Verhalten der Elektronen in Atomen verstanden werden konnte durch Anwendung der Gesetze der klassischen Mechanik auf das Rutherfordsche Atommodell. Bohr selbst sah klarer als viele andere Quantenphysiker, daß diese Theorie, gemischt aus klassischen und quantenphysikalischen Begriffen nur eine vorläufige Theorie sein konnte, belastet mit inneren Inkonsequenzen. Zum Weiterarbeiten trotz dieser inneren Widersprüche ermutigend, bereitete Bohr selbst vor, was später als die quantenmechanische Formulierung exakter Quantengesetze hervortreten sollte. In seinem berühmten »Korrespondenzprinzip« drückte Bohr seine tiefe Überzeugung aus, daß einerseits alle Erfolge einer Anwendung klassischer Begriffe auf das Rutherfordsche Atommodell nicht etwa seine wirkliche Rechtfertigung bedeuteten, aber andererseits doch zeigten, daß enge Analogien zwischen klassischen und Quantengesetzen bestehen. Diese Analogien machen es möglich, in manchen Fällen durch Anwendung der klassischen Mechanik auf Probleme zu richtigen Ergebnissen zu kommen, die eigentlich schon mit den Methoden einer exakten Quantentheorie — die aber damals nur zum kleinen Teil bekannt waren — behandelt werden müßten. Unter Bohrs Leitung lernten wir schrittweise, die Ergebnisse klassischer Berechnungen in richtige Folgerungen der damals noch unbekannten wirklichen Quantengesetze zu »übersetzen«.

Heute wendet die Theorie der Elementarteilchen ein ähnliches Verfahren an. Man macht Gebrauch von einer Theorie, deren Unzulänglichkeit bereits bekannt ist. Zwar liefert die Anwendung dieser noch unzulänglichen Theorie Ergebnisse, die noch nicht voll vertrauenswürdig sind, aber gewisse zusätzliche Regeln — als die Regeln der »Renormalisierung« bezeichnet — erlauben eine Übersetzung der vorläufigen Ergebnisse in zuverlässige.

Die Brücke von der voll gerechtfertigten Quantentheorie der Atome und ihrer Elektronen zu der gegenwärtigen »vorläufigen« Theorie der Elementarteilchen entstand in Form der sogenannten »Quanten-Elektrodynamik«. Diese, die zu entstehen begann, nahm ihren Anfang von der Feststellung, daß auch die exakten Gesetze der berühmten Einsteinschen Lichtquanten als Folgerungen aus den neuen quantenmechanischen Gesetzen verständlich gemacht werden konnten. Obwohl die Quantenmechanik ursprünglich erfunden war als ein Hilfsmittel zur Formulierung der exakten Gesetze von mikrophysikalischen mechanischen Systemen, so können doch die Begriffe der Quantenmechanik auch auf Felder (insbesondere das Maxwell-Feld) statt auf Massenpunkte (Elementarteilchen) angewandt werden. Auf diese Weise gewinnen wir ein volles Verständnis für die Lichtquanten — ihre Gesetzmäßigkeiten sind Folgerungen aus der »Quantelung« des elektromagnetischen Feldes. Als ich 1925 begann, diesen Gedanken zu vertreten, wurden viele skeptische Urteile ausgesprochen — nicht nur von Einstein selbst, der bekanntlich eine skeptische Haltung gegenüber der ganzen Quantenmechanik eingenommen hat, sondern auch von anderen Quantenphysikern. Aber diese Zweifel sind heute längst vergessen — die »Quantentheorie der Felder« ist als ein notwendiger und unvermeidlicher Schritt der Weiterentwicklung anerkannt. Dieser Schritt führt zum Verständnis der Lichtquanten; und er führt weiterhin zur Quantenelektrodynamik. Es genüge die Erwähnung, daß jüngere Verfasser, insbesondere Feynman und Schwinger, diese Quantenelektrodynamik zu einem hohen Grade von Vollendung bringen konnten.

Aber ernste Schwierigkeiten verblieben — die Quantenelektrodynamik ist noch immer in gewissem Umfang eine »vorläufige« Theorie. In ihrer heutigen Form arbeitet sie in zwei Schritten: die »vorläufigen« Ergebnisse für irgendeinen konkreten Anwendungsfall müssen in einem zweiten Schritt der Behandlung »übersetzt« oder »renormalisiert« werden, um physikalisch richtige Endaussagen zu liefern.

Die Entdeckung zahlreicher Arten von instabilen Elementarteilchen gab Gelegenheit zu weiten Verallgemeinerungen dieser theoretischen Begriffe. Die Quantentheorie der Wellenfelder, wie sie heute gewöhnlich genannt wird, ist ein sehr umfangreiches Kapitel der modernen theoretischen Physik geworden. Die erwähnten Schwierigkeiten sind dabei nur teilweise überwunden, und die Diskussion neuer Gedanken geht weiter.

Ein sehr kühner Versuch ist von Heisenberg unternommen, der

in seiner »Weltformel« versuchte, eine Theorie aufzustellen, die aus einem hypothetisch angenommenen Grundgesetz der Natur ableiten kann, welche Arten von Elementarteilchen (wahrscheinlich in grundsätzlich unendlicher Mannigfaltigkeit) existieren müssen und welches ihre Eigenschaften sind. Sicherlich macht die große (vielleicht unendliche) Zahl von Teilchenarten den Gedanken überzeugend, daß ein tief liegendes, umfassendes Gesetz mathematisch bestimmt, welche Teilchenarten existieren. Heisenberg erstrebte, dieses Gesetz in seiner »Weltformel« zu präzisieren.

Im Kreise der wenigen zuständigen Spezialisten hat dieser heroische Versuch lebhafte Diskussionen ergeben; ein gewisses Maß von Urteilsverschiedenheit ist bis heute vorhanden geblieben. Skeptiker hegen Zweifel, daß es gelingen kann, durch einen Direktangriff eine so gewaltige Aufgabe zu lösen; in der Tat scheint es sehr schwierig zu sein, in diesem Problem überhaupt zu einem die Entscheidung ermöglichenden Vergleich zwischen Theorie und Erfahrung zu kommen, weil die Aufgabe, die mathematischen Folgerungen aus Heisenbergs Formel zu entwickeln, schwieriger ist als in jedem früheren Beispiel einer physikalischen Theorie. Ich wage es deshalb nicht, meinerseits eine Prognose auszusprechen, wie in dieser Richtung die Entwicklung weitergehen wird.

Verschiedene Verfasser haben Erfolge von unzweifelhafter Bedeutung erzielt, indem sie innerhalb des Problembereiches, für welchen Heisenberg den unmittelbaren Vorstoß zu einer Gesamtlösung erstrebte, enger begrenzte Teilprobleme untersucht haben. Auf diesem Wege sind sicherlich noch weitere Erfolge künftig zu erreichen.

Ein kurzer Bericht über den Stand der Forschungsarbeit hat auch einige speziellere Hypothesen zu erwähnen, die zur Diskussion gekommen sind und die uns mit großer Spannung der Bestätigung oder Widerlegung dieser Hypothesen entgegensehen lassen. Eine dieser Hypothesen ist diejenige der sogenannten »Quarks«, hypothetischer Elementarteilchen, deren Ladungen Vielfache von nur einem Drittel der Elektronenladung sind. Theoretische Erwägungen lassen die Vermutung einer Existenz solcher Teilchen als nicht unvernünftig erscheinen; aber es bleibt abzuwarten, ob sie wirklich experimentell bestätigt werden können. Auch die von Dirac zur Diskussion gestellte Hypothese, daß es außer den elektrischen auch magnetische Einfachpole geben könnte, hat bis heute noch nichts von ihrem rein hypothetischen Charakter eingebüßt.

Ich möchte hier einige Bemerkungen über andere Überlegungen einfügen, die vielleicht (so hoffe ich seit langer Zeit, obwohl diese Hoffnung noch nicht viel Ermutigung gefunden hat) Hilfe für eine Weiterentwicklung der Theorie ergeben könnten, nicht im Sinne einer Ausschließung andersartiger Versuche, sondern als eine zusätzliche Hilfe. Die fraglichen Überlegungen sind schon vor langer Zeit angeregt worden durch den bedeutungsvollen Beitrag des großen verstorbenen Mathematikers J. v. Neumann zu einem tieferen Verständnis der Quantenmechanik in ihrer bekannten jetzigen Form. Erinnern wir uns zunächst daran, auf welchem Gedankenwege die Quantenmechanik seinerzeit entstanden ist: Die empirischen Tatsachen der Spektroskopie, mit Einschluß von Dispersion und Raman-Effekt und vereinigt mit den Ergebnissen der Untersuchung von Elektronenstößen gegen Atome, machten es möglich, als meßbare Größen Übergangswahrscheinlichkeiten zu definieren und auch Phasenbeziehungen zwischen den komplexen Zahlen, deren quadrierte Absolutbeträge die Übergangswahrscheinlichkeiten sind. Die damit entstehenden »Übergangsamplituden« stehen im Sinne Bohrs in »Korrespondenz« zu den (komplexen) Fourierkoeffizienten klassisch berechneter Elektronenbahnen. Als Heisenberg den großartigen Entschluß faßte, die klassische Mechanik bewegter Teilchen grundsätzlich in eine exakte quantenphysikalische Theorie zu »übersetzen«, die auf die Vorstellung von Elektronenbahnen im Atom verzichtet und nur Beziehungen zwischen meßbaren Größen aufstellt, diese aber in einer zur klassischen Mechanik korrespondenzmäßig ähnlichen Form, formulierte er mathematische Beziehungen zwischen den erwähnten Übergangsamplituden sowie den ebenfalls meßbaren Energiewerten und Frequenzen. Borns statistische Deutung der Schrödingerschen Eigenfunktionen erlaubte später eine erhebliche Erweiterung in der Ausführung des physikalischen Grundgedankens der Heisenbergschen Theorie.

Beispielsweise für den Fall eines Wasserstoffatoms haben wir uns nicht in der zunächst von Schrödinger selbst bevorzugten Weise vorzustellen, daß die einem bestimmten Zustand des Wasserstoffatoms entsprechende Schrödinger-Funktion durch Quadrieren die diesem Zustand entsprechende räumliche Dichte einer kontinuierlichen Verteilung der Ladung des Elektrons liefert; sondern das, was Schrödinger zunächst als Dichte einer kontinuierlichen Ladungsverteilung deuten wollte, bedeutet nach Born die Wahrscheinlichkeit, das Elektron an einem bestimmten Orte zu entdecken. Wie Heisenberg später ausgeführt hat, kann man sich dieses Entdecken des Elektrons an einem bestimmten Ort als Ergebnis einer Nachsuche mit einem Gamastrahl-Mikroskop ausmalen.

Obwohl Heisenbergs Programm, durchgeführt in den anschließenden Arbeiten einerseits von Dirac, andererseits von Born, Heisenberg, Jordan, in sehr natürlicher und überzeugender Weise die sogenannte Matrix-Multiplikation als ein mathematisches Hauptwerkzeug für die Formulierung der Quantengesetze erkennen ließ, so gab später der Mathematiker J. v. Neumann eine axiomatische Formulierung der Quantentheorie, die wesentlich andere Gesichtspunkte an die Spitze der Betrachtung stellte. Vorangegangen war eine in Arbeiten von Dirac und Jordan ausgeführte Zusammenfassung und Verallgemeinerung der Ansätze von Heisenberg und Schrödinger zu der sogenannten »statistischen Transformationstheorie«, in der ganz allgemein der Gedanke ausgeführt worden war, daß man betreffs der Elektronen in einem Atom zwar nicht von »Bahnen« im Sinne klassischer Kinematik sprechen soll, wohl aber im Grunde ebenso viele verschiedenartige Messungen an ihnen ausführen kann, wie es nach klassischen Vorstellungen möglich wäre. Das Besondere, welches die Quantenphysik von der klassischen unterscheidet, liegt darin, daß — wie Heisenberg und Bohr dann tiefer dringend gezeigt haben — die verschiedenen meßbaren Größen (oder »Observablen«) an einem Elektron im allgemeinen nicht zugleich gemessen werden können.

Aber man kann beispielsweise den Ort eines Elektrons durchaus zum Gegenstand einer Messung machen (mindestens im Sinne eines Gedankenexperiments, nämlich mit einem Gamma-Mikroskop).

Von dieser wesentlich erweiterten Auffassung aus hat J. v. Neumann eine geistvolle mathematische Analyse durchgeführt betreffs der Möglichkeiten, in einem statistischen »Kollektiv« gleichartiger quantenphysikalischer Gebilde (z. B. Wasserstoffatome) irgendwelche Messungen von »Observablen« durchzuführen und die im Sinne der Formulierungen von Dirac-Jordan auftretenden Wahrscheinlichkeiten für die verschiedenen möglichen Ergebnisse der Messung mathematisch festzulegen. Wenngleich die Neumannsche Untersuchung zunächst keineswegs eine Abänderung der quantenmechanischen Theorie erstrebte, sondern lediglich eine logisch-mathematisch übersichtlichere Fassung, die — ausgehend von dem Gedanken des statistischen Kollektivs mikrophysikalischer Individuen — in wenigen einfachen Axiomen den gesamten Inhalt der zur Betrachtung von beliebigen Observablen erweiterten Quantenmechanik zusammenzufassen erlaubt, so lieferte sie doch zugleich auch Unterlagen für theoretische Versuche, der Theorie durch Abschwächung ihrer Axiome eine Erweiterung oder Verallgemeinerung zu geben.

Diese Sachlage führte auf Probleme rein mathematischer Art, und eine 1934 veröffentlichte gemeinsame Abhandlung von John v. Neumann, Eugen Wigner und mir gab einen gewissen Anstoß zur mathematischen Untersuchung der hier auftauchenden Fragen. Äußere Umstände, wie sie damals aus der weltpolitischen und historischen Entwicklung entstanden waren, erschwerten danach die Fortsetzung unserer Zusammenarbeit; erst nach Abschluß des Zweiten Weltkrieges wurde mir bekannt, daß amerikanische Mathematiker inzwischen mehr als 1000 Abhandlungen über diejenigen mathematischen Strukturen veröffentlicht hatten, denen sie die Bezeichnung »Jordan-Algebren« gegeben haben. Auch andere »abstrakte Algebren« sind in diesem Zusammenhang zum

64

Gegenstand verstärkter mathematischer Untersuchung geworden, und das Gesamtgebiet der abstrakten Algebren hat sich zu einem umfangreichen Kapitel der modernsten Mathematik entwickelt.

Seit 1924 hatte sich ja schon eine für die Physiker zunächst ganz neue Art von Mathematik ergeben, nämlich das Rechnen mit Matrizen oder Operatoren, die als mathematische Darstellung von quantenphysikalischen Meßgrößen (Observablen) benutzt wurden. Dies bedeutete bereits die Einführung abstrakter Algebren in die Physik: Es ist heute längst jedem Physiker geläufig geworden, daß es sich in der »Algebra« der Operatoren oder Matrizen um Rechengrößen handelt, deren symbolische Multiplikation nicht mehr das »kommutative« Gesetz befolgt. Die seit 1934 mathematisch untersuchten Algebren entfernen sich aber noch weiter von dem Gewohnten, indem sie auch das »assoziative« Gesetz verletzen.

Obwohl ich keineswegs eine allzu optimistische Prognose aussprechen möchte, so habe ich doch etwas Hoffnung, daß vielleicht die angedeuteten neuen mathematischen Entwicklungen uns dazu führen könnten, auch neue Möglichkeiten für die mathematische Formulierung mikrophysikalischer Theorien zu gewinnen, so daß aus den neu erschlossenen mathematischen Strukturmöglichkeiten vielleicht auch wesentliche physikalische Fortschritte hervorgehen werden. Aber ich möchte keineswegs die Tatsache verschweigen, daß bestimmt weitere schwierige mathematische Forschungen erforderlich sind, bevor die Frage geklärt werden kann, ob die Mathematik vielleicht noch unentdeckte Strukturen bereithält, die möglicherweise für noch ungelöste Probleme der Physik verwendbar sein könnten.

Ich möchte deshalb ein ganz anderes Feld von Problemen betrachten — Probleme der Gravitation. Die Allgemeine Relativitätstheorie wurde Gegenstand erstaunlich lebhafter Forschungsarbeit in den Jahren nach dem Zweiten Weltkrieg. Insbesondere die Einsteinsche Theorie der Gravitation, in unveränderter Gestalt, regte zu vielen neuen Untersuchungen im Zusammenhang mit Astrophysik und Kosmologie an. Die Entdeckung der »Pulsare« — als

Neutronen-Sterne erkannt — gab der berühmten Schwarzschild-schen Lösung der Einsteinschen Feldgleichungen der Gravitation neue Aktualität; viele und bedeutende Fortschritte wurden erzielt in der Untersuchung solcher Lösungen der Einsteinschen Feldgleichungen, die Gravitationswellen beschreiben. Weber erzielte bekanntlich den großen Erfolg, Signale in Form von Gravitationswellen zu entdecken, die offenbar vom Mittelpunktsgebiet der Milchstraße kommen. Es sind noch andere bedeutungsvolle Fortschritte erreicht in der Form neuer experimenteller Prüfungen der Einsteinschen Theorie, insbesondere durch Untersuchung von Radar-Echos an Planeten.

In diesem Zusammenhang wurde auch die Frage vielseitig diskutiert, ob die ursprüngliche Einsteinsche Theorie der Gravitation — jetzt oft die »Tensor-Theorie« der Gravitation genannt, weil der »metrische Tensor« darin von beherrschender Bedeutung ist — schon die endgültige Form der relativistischen Gravitationstheorie ist oder ob vielleicht eine sogenannte »Tensor-Skalar-Theorie« der Wahrheit noch näher kommen könnte. Gedanken verschiedener Verfasser haben in diese Richtung gewiesen.

Schon 1937 hatte Dirac eine kosmologische Hypothese ausgesprochen, nach der die sogenannte »Gravitationskonstante« in Wirklichkeit eine veränderliche Größe sein sollte, also ein skalares Feld, im kosmologischen Zeitmaß langsam (sehr langsam) veränderlich, also natürlich auch räumlich veränderlich. Dieser Gedanke wurde frühzeitig von Y. Thiry und dem Berichterstatter aufgegriffen und zum Gegenstand mathematischer Untersuchungen gemacht. Von anderen Überlegungen aus kam R. Dicke ebenfalls zu der Vermutung, daß in einer realistischen Theorie der Gravitation außer dem metrischen Tensor auch ein skalares Feld anerkannt werden muß.

Diese gegenüber Einstein abgeänderte Gravitationstheorie läßt uns gewisse veränderte Erwartungen hegen hinsichtlich der experimentellen Verhältnisse der Gravitation. Die fraglichen Veränderungen liegen freilich an der äußersten Grenze heute zu erzielender oder zu versuchender Präzisionsmessungen; und da bekannt-

lich schon die entscheidenden Effekte, welche die Einsteinsche
Theorie als Abweichungen von der Newtonschen voraussagte, nur
unter größten Schwierigkeiten empirisch geprüft werden konnten
(erst in der Nachkriegszeit sind darin entscheidende Fortschritte
gelungen), so könnte man vielleicht entmutigt sein in bezug auf
die empirische Entscheidung zwischen der unveränderten Einsteinschen Theorie und der neuen, jetzt zur Diskussion stehenden.

Aber vielleicht können wir doch hoffen, Erfahrungstatsachen
zu finden, welche die abgeänderte Theorie als richtig oder falsch
erweisen — jedes dieser beiden denkbaren Ergebnisse würde eine
erhebliche Vertiefung unseres Wissens bedeuten. Die Hauptfolge-
rung der neuen Gravitationstheorie würde sein, daß das, was wir
als die »Gravitationskonstante« im alten Sinne der Newtonschen
Theorie messen, ganz langsam abnehmen muß mit zunehmendem
Alter des Kosmos. Diejenigen Verfasser, die in Übereinstimmung
mit Dirac an die Realität einer solchen langsamen Abnahme der
Newtonschen »Gravitationskonstanten« glauben, unterscheiden
sich noch voneinander durch eine quantitative Verschiedenheit
ihrer Vermutungen. R. Dicke vermutet, daß die relative Abnahme
der Gravitationskonstante zwar real, aber kleiner als 10^{-10} im
Jahre sei. Ich selbst halte einen doppelt so großen Wert für wahrscheinlicher. Diese Vermutung führt zu der Folgerung, daß die
sogenannte Ephemeriden-Zeit der Astronomen, das heißt dasjenige Zeitmaß, das sich ergibt, wenn wir unser Planetensystem
als Normaluhr benutzen, nicht ganz genau übereinstimmen sollte
mit dem Gang von Atomuhren. In der Tat gibt es empirische Anzeichen für eine geringfügige Verschiedenheit zwischen beiden
Uhrenarten, und die Größenordnung der Verschiedenheit scheint
der theoretischen Vermutung zu entsprechen. Aber leider ist heute
nicht einmal das Vorzeichen der Abweichung mit Sicherheit zu
erkennen. Vielleicht — aber auch dies ist noch ungewiß — ist eine
von Kerr entdeckte Entwicklung unserer Milchstraße (im Sinne
einer sehr schwachen Expansion) als Bestätigung der Diracschen
Hypothese anzusehen. Ein jetzt kürzlich auf dem Monde auf-
gestellter Reflektionsspiegel für Laser-Signale dürfte in absehbarer

Zeit erkennen lassen, ob die Diracsche Vermutung aufrechterhalten werden kann oder nicht.

Aber wenn diese Vermutung zutrifft, dann hat sie auch Bedeutung für verschiedene Fragen der Geophysik und Geologie. Und da ich mich selbst nicht an physikalischen Experimenten beteiligen kann, so habe ich versucht, mich aufgrund geowissenschaftlicher Literatur zu unterrichten, ob die Folgerungen der Diracschen Hypothese vielleicht auf grobe Widersprüche mit empirischen Tatsachen führen oder vielleicht im Gegenteil mit bekannten Tatsachen harmonieren. Ich habe das Ergebnis dieser Bemühung in einem kleinen Buch zusammengefaßt; in noch wesentlich kürzerer Zusammenfassung möchte ich sagen:

1. Es gibt meines Wissens keine zuverlässig bewiesene Tatsache, die mit der Diracschen Hypothese nicht vereinbar wäre.

2. Es gibt allerdings für viele empirische Tatsachen hypothetische Deutungen, die, sofern sie endgültig sind, zur Ablehnung der Diracschen Hypothese nötigen würden. Jedoch sind diese Deutungen — obwohl sie von manchen Spezialisten sehr lebhaft vertreten werden — doch schwerlich als bereits endgültig gesichert anzusehen, da sie tatsächlich Gegenstand vieler Diskussionen und unbehobener Urteilsverschiedenheiten zwischen den zuständigen Spezialisten sind.

Da es unmöglich ist, dieses umfangreiche Diskussionsthema im Rahmen meiner jetzigen Ausführungen zu behandeln, will ich nur noch einen einzelnen Punkt herausgreifen. Der berühmte Geophysiker Alfred Wegener trug 1915 seine Theorie der Kontinentalverschiebung vor. Obwohl er vereinzelt Zustimmung fand, war doch die überwiegende Reaktion eine vollständige Ablehnung durch alle Spezialisten, deren Zuständigkeit durch Wegeners Vorstellungen berührt wurde. Die Neigung zu vollständiger Verwerfung der Wegenerschen Gedanken (deren von ihm versuchte Begründung in der Tat zweifellos neben Richtigem auch Fehler enthielt) hat etwa vier Jahrzehnte fortbestanden. Erst seit kurzer Zeit hat sich die Lage verändert, und heute besteht nahezu die einhellige Überzeugung, daß Wegeners Grundgedanke richtig war:

Afrika und Südamerika lagen früher zusammen. Daß ihre Grenzen in einer einen bloßen Zufall ausschließenden Weise zusammenpassen, ergibt sich mit eindeutiger Schärfe, wenn man diese Grenzen nicht mit den Küstenlinien verwechselt, sondern unter Benutzung moderner ozeanographischer Ermittlungen die wirkliche Grenze zwischen der Tiefsee und den Kontinentalblöcken betrachtet. Zu diesen Kontinentalblöcken gehören außer dem trockenen Land auch die »Schelfe«, d. h. Flachmeergebiete.

Von modernen Untersuchungen wissen wir, daß die ganze Erde ein riesiges System von Rissen zeigt — großenteils liegen sie im Boden der Tiefsee, teilweise setzen sie sich in die Kontinente hinein fort. Bekannte Beispiele sind das Rote Meer und seine Fortsetzung im Jordan-Tal, mit dem Toten Meer; oder ein ungeheurer Riß in der Mitte des Atlantik, vom Süden heraufkommend und im Norden Island durchschneidend. Dieser atlantische Riß liegt noch heute dort, wo in früherer Zeit ein »Grabenbruch«, analog zu den bekannten Grabenbrüchen in Ostafrika, den Beginn einer Trennung von Afrika und Südamerika anzeigte.

Neueste Fortschritte aus den letzten Jahren bestätigten in endgültiger Weise, daß solche Risse in der Tiefsee und ihre kontinentalen Fortsetzungen in Grabenbrüchen tatsächlich eine Verbreiterung von Ozeanen oder eine beginnende Trennung von Kontinentalgebieten bedeuten. Die Verbreiterungsgeschwindigkeit von Tiefseerissen konnte genau gemessen werden; sie beträgt bis zu einigen Zentimetern im Jahr.

Dies ist heute ein klar bewiesener Sachverhalt. Aber was sollen wir uns dabei denken? Die neue, die Diracsche Hypothese einschließende Gravitationstheorie legt die Vermutung nahe, daß die Erde sich in einem Vorgang langsamer Expansion befindet — und diese Vermutung macht erstmalig auch eine Deutung der fundamentalen Tatsache möglich, daß wir auf der Erdoberfläche zwei so verschiedene Gebiete vorfinden, nämlich Tiefsee und Kontinentalschollen — mit der weiteren erstaunlichen Tatsache (deren Merkwürdigkeit zu oft nicht gewürdigt worden ist), daß die Kontinentalschollen, soweit vorhanden, gleichmäßige Dicke zeigen. Dies legt die von verschiedenen Verfassern ausgesprochene Vermutung nahe, daß vor beginnender Bildung einer festen Erdkruste das leichteste Material sich in einer flüssigen Kugelschale gleichmäßiger Dicke außen gesammelt hatte und daß dieses Material — als dasjenige der Kontinentalschollen — nicht imstande war, in der späteren Weiterentwicklung die Expansion des Erdkörpers mitzumachen, ohne zu zerreißen.

Diese Vorstellung hat zwar — ähnlich wie Wegeners Theorie — starke Skepsis erweckt. Aber jedenfalls ist die in den großen Tiefseerissen erfolgende Verbreiterung von Ozeanen eine gesicherte Tatsache, und die Folgerung einer Vergrößerung der Erdoberfläche kann nur dann vermieden werden, wenn man gegenüber dieser Vergrößerung der Tiefsee kompensierende gegenteilige Effekte entdeckt. In der Tat sind in der modernen Diskussion solche kompensierenden Effekte vermutet worden. Aber dazu mußten sehr künstliche und unglaubhafte Hypothesen erfunden werden.

Ich glaube deshalb, daß die Vorstellung der Erdexpansion die einfachste mögliche Erklärung liefert für Tatsachen, die durch Untersuchungen der letzten Jahre eindeutig gesichert sind. Auch eine beträchtliche Zahl anderer empirischer Tatsachen betreffs der Erde und des Mondes scheinen mir mit der neuen Form der Gravitationstheorie besser zu harmonieren als mit der alten.

6. Die Beweiskraft der Quantentheorie

Die Tatsache, daß die moderne Atom- und Quantenphysik uns zu einer veränderten Beurteilung sogar des Kausalitätsprinzips geführt hat, ist allmählich (recht langsam freilich) über den Kreis der Spezialisten hinaus weiteren Leserkreisen bekannt geworden. Jedoch gibt es noch immer mancherlei Zweifel darüber, ob ein so »revolutionärer« geistiger Schritt, wie die Anzweiflung oder gar Verneinung der gewohnten Kausalität, wirklich möglich ist, ohne daß uns überhaupt die Grundlagen wissenschaftlicher Naturbetrachtung und Naturerforschung unsicher zu werden beginnen; und zweitens darüber, mit welchem Maß von Entschiedenheit die neue Betrachtungsweise sich über die ältere, mit ihren geistigen Wurzeln und Anfängen mehr als zweitausend Jahre alte, durch Kant in berühmten Gedankengängen präzisierte Auffassung hinwegzusetzen vermag.

Die neue Auffassung der Sachlage behauptet ja, daß die feinsten physikalischen Vorgänge, nämlich die »Quantensprünge« von einzelnen »mikrophysikalischen« Gebilden (also einzelnen Atomen oder Atomkernen oder z. B. Elektronen) nur noch *statistischen* Naturgesetzen unterliegen — in dem Sinne, daß man beispielsweise bei Vorhandensein eines ganzen Gramms von Radium vorhersagen kann, wie lange es dauern wird, bis gerade 10 Prozent von diesem großen »Kollektiv« von Atomen radioaktiv zerfallen sein werden (das wird immerhin mehr als ein Jahrhundert dauern); daß aber keinerlei Voraussage gemacht werden kann, *wann* ein bestimmtes *einzelnes* Radium-Atom zerfallen wird, welches wir in einem (durchaus realistischen) Gedankenexperiment aus dem großen Kollektiv der übrigen ausgesondert haben.

Dem durch eine zweitausendjährige Tradition — philosophisch und naturwissenschaftlich — an das Denken mit den Begriffen von

71

Ursache und Folge gewöhnten Außenstehenden muß es als eine unerhörte Zumutung erscheinen, daß die heutigen Physiker sich vermessen, zu behaupten, der Zerfall eines radioaktiven Atomkerns sei ein ursachloses Geschehen. Unwillkürlich wird jeder, der erstmalig von dieser wunderlichen Behauptung heutiger Physiker hört, eher an der Logik oder dem Denkvermögen dieser Physiker zweifeln, als an der Berechtigung und Notwendigkeit des Denkens im Schema von Ursachen und Wirkungen.

Auch ist ja nicht unbekannt geblieben, daß unter den Physikern selber keineswegs vollständige Einigung erzielt worden ist in der Beurteilung dieser Frage, die in ihren philosophischen Folgerungen so bedeutungsvolle, weit über den physikalischen Spezialistenbereich hinausreichende andere Fragen anrührt — bis hin zu dem durch die Jahrhunderte so vielfach und bewegend erörterten und umstrittenen Problem der Willensfreiheit.

Denn natürlich ist ja die Radioaktivität nur ein einzelner Beispielsfall, der freilich besonders handgreiflich die verschiedenen, zum Teil scharf gegensätzlichen Auffassungen zutage treten läßt. Aber wenn es in diesem Fall als möglich oder sogar als notwendig zu erweisen ist, die alte Kausalitätsvorstellung fallen zu lassen und statt dessen eine statistische Grundgesetzlichkeit der Physik anzuerkennen, dann werden wir nicht umhin können, diese Veränderung unserer Denkweise auf das Gesamtgebiet aller Naturerscheinungen auszudehnen — freilich mit ständiger Beachtung der Tatsache, daß für die sogenannte »Makrophysik«, für die Vorgänge an großen Kollektiven gleichartiger Teilchen, die Gültigkeit einer zuverlässigen »groben Kausalität« unangefochten bleibt, weil die statistische Gesetzlichkeit der Mikrophysik diese »Makrokausalität« als Folgerung ergibt.

Als entschiedene Vertreter der Überzeugung, daß die Anwendbarkeit der alten Kausalitätsvorstellung in der Mikrophysik nicht nur ungewiß, sondern ausdrücklich zu verneinen sei, sind Niels Bohr, Max Born und Werner Heisenberg hervorgetreten, also drei Forscher, deren wegweisende Leistungen die Physikgeschichte dieses Jahrhunderts weitgehend geprägt haben. Heisenberg hat die

Entschiedenheit seines Urteils in seinen beiden letzthin erschienenen Büchern »Der Teil und das Ganze« und »Schritte über Grenzen« unmißverständlich erläutert, dabei auch dem Mißverständnis entgegentretend, daß man die Hoffnung bewahren könnte, die Physiker würden die heute noch unerkannte Verursachung für den Zerfall eines einzelnen radioaktiven Atomkerns später noch entdecken. Der Verfasser dieser Zeilen hat in seinem Buche »Der Naturwissenschaftler vor der religiösen Frage« die gleiche radikale Beurteilung der Sachlage vertreten. Born hat in seinem kürzlich veröffentlichten Briefwechsel mit seinem Freunde Einstein mit diesem, der sich von dem Glauben an die alte Kausalität nicht zu trennen vermochte, unausgesetzt um dies Problem gerungen — Einstein hat sich nicht zu einer Änderung seiner Überzeugung bereitgefunden.

Müssen wir nicht angesichts dieses Widerstrebens Einsteins, zumal Planck ähnlich gedacht hat, Bedenken haben, den abweichenden Vorstellungen der erwähnten anderen Physiker zu folgen? Obwohl der Verfasser dieser Zeilen noch nicht in den Verdacht geraten ist, mit Tagesmoden »antiautoritärer« Art zu sympathisieren, so hat er doch in dem genannten Buch ausgesprochen, daß wir in der Physik keine Autoritäten kennen — sondern nur die Wahrheit. Unsere Verehrung großer Forscher wie Einstein und Planck gründet sich auf das, was sie uns als bewiesene Wahrheit gegeben haben — da auch das größte Genie in den Grenzen des Menschlichen bleibt, können wir nicht die Möglichkeit ausschließen, daß manches, was Einstein nur vermutet hat, ohne es beweisen zu können, irrig gewesen ist. Seine ihm so wichtig gewesene Hoffnung, daß die Weiterentwicklung der Physik noch einmal zur geschlossenen Kausalität zurückführen könnte, muß — ohne daß wir damit unsere Hochachtung vor seinem Genie und seinen Leistungen vermindern — als ein Irrtum angesehen werden.

Es besteht Einigkeit unter allen Sachkennern — auch einschließlich solcher, welche sich dem radikalen Urteil Bohrs und der anderen oben Genannten nicht gern ganz anschließen möchten —, daß aus der heutigen Quantenphysik keine kausale Geschlossenheit der Mikrophysik abgeleitet werden kann. Jedoch erschöpft diese Aussage noch nicht den vollen Inhalt dessen, was wir heute wissen. Es muß gesagt werden, daß auch eine Vervollständigung der heutigen Theorie — durch Hinzufügung weiterer, ergänzender Gesetzlichkeiten — bestimmt nicht zu einer Wiederherstellung der alten Kausalitätsvorstellung führen könnte, solange nicht die ausdrückliche Hypothese eingeführt würde, daß die jetzige, zu statistischen Voraussagen über mikrophysikalische Experimente führende Theorie der Quantenerscheinungen nicht nur unvollständig, sondern auch in gewissem Umfang falsch wäre. (Und diese Hypothese ist so unglaubhaft, daß ihre Anerkennung ein zu hoher Preis wäre für eine Aufrechterhaltung der Hoffnung, daß wir doch noch eine jetzt noch unerfaßte, verborgene Kausalität entdecken könnten.) Man kann sich die Unmöglichkeit, den Glauben an eine »noch unentdeckte« Kausalität in Einklang zu bringen mit bekannten, empirisch gesicherten Gesetzen der Mikrophysik, klarmachen durch besinnliche Durchdenkung jener Experimente, in denen die »dualistische« Natur z. B. eines Kathodenstrahls (als Geschoßgarbe und als Wellenstrahl) zum Ausdruck kommt — diese Überlegung ist in den erwähnten Heisenbergschen Büchern ausgeführt. In meinem eigenen, ebenfalls erwähnten Buche habe ich unter der Überschrift: »Ist die Determinierung endgültig widerlegt?« außerdem einen etwas anderen Gedankengang vorgetragen, der mir ebenfalls die *Beweiskraft* der heutigen Quantentheorie für die reale Existenz indeterminierter Vorgänge sehr handgreiflich zu machen scheint. Angenommen, es würde wirklich künftigen Physikern gelingen, eine Verursachung für die Einzelakte radioaktiven Zerfalls zu entdecken. Dann würde es offenbar auch möglich werden, eine vollautomatische »Sortiermaschine« zu konstruieren, welche die Atome eines Radiumpräparates sortiert in solche, die innerhalb der nächsten hundert Jahre, und solche, die erst später zerfallen werden. Die Arbeitsweise dieser Sortiermaschine würde aber für die heutige Atom- und Quantentheorie völlig berechenbar verlaufen, weil jedes physikalische Experiment, das mit Materie und Energie ausgeführt werden könnte, bereits in die Zuständigkeit der heute vorliegenden Theorie gehört — nur ein ausdrückliches Anzweifeln dieser Zuständigkeit, nur die Hypothese, daß die heutige Theorie teilweise ausdrücklich falsch sei, könnte eine Hoffnung auf Wiederherstellung der Kausalität vertretbar machen. Denn es besteht ja Einigkeit darüber, daß innerhalb des Zuständigkeitsbereiches der Quantentheorie ein Beweis für Kausalität nicht erbracht werden, also eine funktionierende Sortiermaschine gedachter Art nicht konstruiert werden könnte.

Während sich so die Frage, ob es im mikrophysikalischen Naturgeschehen lückenlose Kausalität oder im Gegenteil eine primäre statistische Naturgesetzlichkeit gibt, welche Raum läßt für echt indeterminierte Geschehnisse, also für eine echte Spontaneität, als eine beantwortbare und bereits geklärte Frage erweist, bleibt die rein physikalische Betrachtung dieser bedeutungsvollen Frage notwendigerweise zurückhaltend gegenüber den ins Philosophische und Weltanschauliche reichenden Folgerungen der getroffenen Sachentscheidung. Von der rein physikalischen Betrachtung aus wird man zum berühmten Problem der Willensfreiheit bestimmt keine Sofortentscheidung erwarten. Wohl aber sind auch die an die physikalische Frage von Kausalität oder Indeterminiertheit anschließenden weiteren, über den Rahmen der Physik hinausführenden Fragen jedenfalls neu aufgerollt.

7. Die Erforschung des Mondes

Für die Astronomen des vorigen Jahrhunderts war die Mondforschung ein stark gepflegtes Kapitel ihrer Arbeit. Jedoch war man ungefähr um die Jahrhundertwende zu einem gewissen Abschluß der mit den verfügbaren instrumentellen Mitteln ausführbaren Untersuchungen gekommen — damalige Fortschritte der astronomischen Forschungstechnik waren mehr für die Untersuchung der Sonne, der Fixsterne, der eigenen und der fremden Milchstraßen geeignet, als für die Untersuchung unseres Planetensystems oder insbesondere des eigenen Trabanten der Erde. So war für längere Zeit die Mondforschung in den Hintergrund getreten gegenüber der Fülle sonstiger astronomischer Untersuchungen, die insbesondere aufgrund der dann eingetretenen engen Verknüpfung der Astrophysik mit der Atomphysik (sowie später der Kosmologie mit der Einsteinschen Gravitationstheorie) eine so erfolgreiche und fesselnde Entwicklung nahmen.

Erst die Raketentechnik hat erneut die Mondforschung wieder lebendig und sogar zu einem der im internationalen Rahmen besonders eifrig bearbeiteten Kapitel heutiger Naturforschung werden lassen. Naturgemäß hat die Aussicht auf gründliche Erforschung des Mondes — mit technischen Hilfsmitteln, die weit über Bisheriges hinausgehen, aber auch in Zukunft kostspielige Hilfsmittel bleiben werden — das Bedürfnis erweckt, vorher noch möglichst viel an neuen Kenntnissen über den Mond einzusammeln, damit die künftig zu unternehmenden aufwendigen Forschungen aufgrund besserer Vorkenntnisse um so sicherer gezielt werden können auf diejenigen Fragen, welche tatsächlich nicht schon mit geringerem Aufwand geklärt werden können. Auch hat die technische Entwicklung sowohl der Photographie als auch anderer Hilfsmittel — wie Radaruntersuchungen, Ultrarotaufnahmen und sonstige moderne Methoden — Ergebnisse möglich gemacht, an die im vorigen Jahrhundert mit den damaligen beschränkteren Mitteln noch gar nicht zu denken war. Die Mond-Atlanten von Kuiper [1], Kopal [2] und Alter [3] enthalten Bilder, die den älteren Bearbeitern nicht erhältlich waren.

Neben der Gewinnung neuer Tatsachenfeststellungen, die in der Nachkriegszeit in erstaunlichem Reichtum erfolgt ist, muß natürlich auch die fortschreitende Klärung der aus den Einzeltatsachen zu ziehenden Schlußfolgerungen als aktuelle Dringlichkeit angesehen werden — diese Klärungen schon vor der breiteren technischen Ermöglichung von Untersuchungen auf dem Monde selbst möglichst weit zu führen, ist sicherlich Voraussetzung für eine optimale Gestaltung künftiger Arbeit.

Es besteht aber der merkwürdige Tatbestand, daß unter der so sehr vergrößerten Zahl der Verfasser, die sich an der Untersuchung des Mondes beteiligen, auch heute noch gewisse Grundfragen ganz gegensätzlich beurteilt werden, die schon im vorigen Jahrhundert umstritten waren. Hauptgegenstand sich widersprechender Beurteilungen ist dabei die Frage, ob die *großen* Krater (die *kleinen* Krater erfordern eine gesonderte Betrachtung) als Vulkane oder als Einsturznarben zu deuten sind — die letztere Deutung ist schon 1892 von Gilbert ausführlich begründet worden. Mehrere der bekanntesten heutigen Mondforscher halten diese Deutung aufgrund ausführlicher Erörterung der Einzelheiten für die einzige vertretbare — so insbesondere Baldwin [15], Kuiper [12], Urey [4, 10]. Auf der anderen Seite ist Moore trotzdem überzeugter Anhänger einer vulkanistischen Deutung geblieben, ebenso v. Bülow [8]; gewisse Vorbehalte gegenüber der Einsturzdeutung sind von Kopal erläutert worden. Im ganzen ist die Verschiedenheit der vorhandenen Meinungen zu dieser Grundfrage der Erscheinungen der Mondoberfläche so extrem, daß geradezu die resignierende Beurteilung ausgesprochen ist, eine Entscheidung dürfte überhaupt unmöglich sein, solange nicht Untersuchungen der Mondkrater an Ort und Stelle durchgeführt werden. Dagegen ist aber wiederum ein Einwand vorzubringen: Es gibt auf der Erde Erscheinungen — ein Beispiel dafür ist das Nördlinger Ries —, welche ebenfalls seit langer Zeit Gegenstand eines Meinungsstreites sind, ob man sie auf Vulkanismus oder auf Einsturzvorgänge zurückführen soll. Da im Falle des Nördlinger Rieses diese Frage auch heute noch umstritten ist — jedenfalls in der Form, daß es immer noch Vertreter beider entgegengesetzter Deutungen gibt —, so kann kaum gehofft werden, daß eine Entscheidung betreffs der großen Mondkrater sogleich dadurch bewirkt werden wird, daß sie unmittelbarer Untersuchung zugänglich werden — die ja zunächst doch nur eine sehr eilige und oberflächliche Untersuchung sein kann im Vergleich mit den ausführlichen, seit langer Zeit dem Nördlinger Ries gewidmeten Forschungen, die trotz ihres Umfangs nicht zu einer Übereinstimmung der Urteile geführt haben.

Dem heute noch immer festzustellenden Fehlen eines einheitlichen Urteils über die großen Mondkrater haben sich in neueren Diskussionen über die Entstehungsweise der *Mare* weitere Urteilsverschiedenheiten angegliedert — hier sind nicht nur zwei sich entgegenstehende Thesen in der Literatur vertreten, sondern mehrere sich gegenseitig ausschließende Deutungen.

I

Urey [4] hat diese eigentümliche Sachlage genauer analysiert, aufgrund eines historischen Abrisses der Entwicklung der Mondforschung von 1892 bis nach 1950. Er erläutert, daß Gilberts Arbeit von 1892 zu einer erstaunlich geringen Auswirkung gekommen ist, großenteils deshalb, weil spätere Verfasser diese Arbeit entweder nicht gekannt oder nur oberflächlich zur Kenntnis genommen haben. Jedoch sind die von Gilbert begründeten Schlußfolgerungen von verschiedenen anderen Bearbeitern in unabhängiger Weise erneut gewonnen worden, so daß unter denjenigen Forschern, deren Arbeiten Urey für wissenschaftlich anerkennenswert hält, doch eine weitgehende Übereinstimmung der Urteile erreicht worden ist, insbesondere in der Richtung, daß die großen Krater nicht als Vulkane gedeutet werden können. Urey verzeichnet deshalb mit Befremden die Tatsache, daß immer noch viele Verfasser trotzdem die vulkanische Natur der großen Mondkrater als unbestritten ansehen; er bemerkt dazu: »I can only conclude that few scientists have looked carefully at the excellent pictures of the Moon, which have been taken during this century. Perhaps they have not brought to the study a sufficient knowledge of the exakt sciences of physics and chemistry or have not believed that a rational solution for the problem could be secured.«

Es kann also kaum bezweifelt werden, daß neben der jetzt unter so großen Anstrengungen erarbeiteten Vermehrung unseres empirischen Wissens auch eine Verstärkung der theoretischen Analyse der vorhandenen Befunde — neuer und älterer — von Dringlichkeit ist, unter kritischer Prüfung der Umstände, welche bisher die Erzielung übereinstimmender Urteile so sehr erschwert haben.

Zu den letzteren gehört nach Urey eine oft nicht ausreichende Literaturkenntnis. Beispielsweise findet man Thesen, welche als angebliche Widerlegung der Einsturztheorie genau solche Tatsachen bezeichnen, deren Erklärung aufgrund der Einsturztheorie von verschiedenen anderen Verfassern ausführlich diskutiert worden ist. Bedenklich kann die ungenügende Berücksichtigung vorhandener Literatur auch dadurch werden, daß die Technik heutiger Beobachtungsmethoden manche ältere empirische Ergebnisse kaum zu erneuter Bestätigung kommen läßt. Beispielsweise ist in älterer Literatur (vgl. Moore [5]) das Vorkommen von Sternschnuppen über dem Mond nachdrücklich betont worden. Es gibt heute wohl kaum noch Mondbeobachter, welche in vielen Nächten während langer Stunden den Mond im Fernrohr betrachten — das Fehlen neuer Sternschnuppenbeobachtungen muß also keineswegs eine Entkräftung der älteren Angaben bedeuten. Diese älteren Angaben liefern aber eine recht wesentliche Information, weil sie scheinbar im Gegensatz stehen zu den modernen (auf optischen und auf Radarmethoden beruhenden) Feststellungen betreffs der extrem geringen atmosphärischen Gasdichte an der Mondoberfläche.

Jedoch ist das häufige Fehlen ausreichender Literaturkenntnis wohl nicht der einzige Grund dafür, daß die bisherige Diskussion der den Mond betreffenden Fragen nicht zu einem befriedigenden Gesamtergebnis — in Gestalt einigermaßen einheitlicher Beurteilung wenigstens der Grundfragen — geführt hat. Drei weitere Umstände scheinen mir in starkem Maße mitbedingend gewesen zu sein für diesen unerfreulichen Stand der Dinge:

1. Die weitgehende Beschränkung älterer Beobachtungen auf bloße Gestaltermittlung unveränderlicher Oberflächenformen hat oft dazu verleitet, Ähnlichkeit mit bestimmten terrestrischen Formen bereits als ausreichend für einen Rückschluß auf gleichartige Verursachung anzusehen. Wie vorsichtig in dieser Richtung verfahren werden muß, kann man sich an Verhältnissen der biologischen Systematik klarmachen, in welcher die äußerlichen Ähnlichkeiten der Wale und Delphine mit Fischen doch der Tatsache Raum lassen, daß die genannten Meeressäugetiere von Verwandtschaft mit Fischen weit entfernt sind. Die zahllosen in der Literatur vorliegenden Vergleiche von Mondformationen etwa mit Caldera-Bildungen liefern viele Beispiele für zu unvorsichtig gehandhabte Vergleiche.

2. Grundsätzlich ist wohl oft zu wenig beachtet worden, daß unmittelbare Vergleiche terrestrischer und lunarer Erscheinungen bei Nichtanwendung größter Vorsicht irreführende Folgerungen ergeben können. Das Vorhandensein enger Analogien lunarer zu terrestrischen Erscheinungen darf nicht allgemein vorausgesetzt, sondern muß, soweit vorhanden, ausdrücklich bewiesen werden. Es ist keineswegs eine Selbstverständlichkeit, daß z. B. die Erscheinungen des irdischen Vulkanismus Analogien auf dem Monde haben müssen.

3. Eine starke Durchmischung vieler Diskussionsbeiträge zur Deutung der Monderscheinungen mit spekulativen Betrachtungen erschwert das Zustandekommen einheitlicher Auffassungen. Viele Diskussionen sind nach dem Schema ausgeführt, daß zunächst hypothetische Vorstellungen ausgesprochen werden — etwa betreffs der Entstehungsweise oder der historischen Gesamtentwicklung des Mondes — und daß hernach die Erörterung der zu betrachtenden empirischen Befunde auf diese Hypothesen gestützt wird. Auf

80

diese Weise wird die Untersuchung in erheblichem Maße mit unkontrollierbaren Voraussetzungen belastet. Empfehlenswert und dringend benötigt scheint mir demgegenüber eine von willkürlichen Annahmen unabhängige Erörterung der Frage, welche Folgerungen durch bestimmte Erfahrungstatsachen wahrscheinlich gemacht oder als unvermeidbar erwiesen werden.

Eine solche hypothesenfreie Tatsachenanalyse ist vom Verfasser andernorts angebahnt worden [6]. Ihre Ergebnisse werden im Folgenden kurz erläutert, vor allem aber ergänzt und erweitert.

II

Die auffälligste Erscheinung der Mondoberfläche — die zahlreichen »Krater« — ist für heutiges Wissen nicht mehr eine auf den Mond beschränkte Erscheinung. Einerseits sind bekanntlich durch eine Marssonde dortige ähnliche Erscheinungen entdeckt worden. Andererseits sind so zahlreiche Beispiele von *terrestrischen* »*Mondkratern*« gefunden worden, daß ihre Untersuchung ein großes Kapitel moderner Forschungsarbeit im astronomisch-geologischen Grenzgebiet geworden ist. Die Ergebnisse stützen in erheblichem Maße die von den Vertretern der Einsturztheorie erarbeitete Deutung der Mondkrater, werden aber von manchen Verfassern vulkanistisch gedeutet. Sie sind so umfangreich, daß diesem Kapitel unseres Themas hier nur in Form einer Wegweisung zu diesbezüglicher Literatur Rechnung getragen werden kann. In Band IV des von Kuiper und Mitarbeitern herausgegebenen Sammelwerkes »The Solar System« [7] finden sich sechs verschiedene Monographien zu dieser Thematik, mit zahlreichen spezielleren Literaturangaben. Ferner sei eine Monographie von Vand [9] über Tektiten und terrestrische Einsturzkrater hervorgehoben; und außerdem eine Reihe von Beiträgen in »Geological Problems in Lunar Research« [8].

Das berühmte Problem der Tektiten hat eine weitgehende Klärung erfahren durch den von Gentner und Mitarbeitern erarbeiteten Nachweis, daß die Tektiten von Ereignissen stammen, deren zeitliche Festlegung in je 10^6 Jahren folgende ist:

0,7 Australisch-südasiatischer Fundraum
1,3 Elfenbeinküste
14,6 Moldau-Fundgebiet
34,2 Texas, Georgien.

Für den zweiten und dritten Fall ist chronologische Übereinstimmung mit der Entstehung des Ashanti-Kraters beziehungsweise des Nördlinger Rieses bewiesen — für letzteren ist damit wohl die Deutung als Meteoriten-Krater trotz aller vorgetragenen Zweifel besiegelt. Der erstgenannte Fall scheint zu dem »Wilkes Land Crater« zu gehören, der unter dem antarktischen Polareis durch Echolotung festgestellt ist. (Vgl. Vand [9]).

Die ausführlich vertretene These einer Herkunft der Tektiten vom Monde (vgl. [8]), begründet dadurch, daß nach Ausweis der Formen von Tektiten diese nicht als solche von einem irdischen Ursprungsort durch die Atmosphäre zum Fundort geflogen sein können (Chapman und Mitarbeiter), ist von Gentner wohl in überzeugender Weise überwunden durch den Gedanken, daß die Gesamtmasse der bei einem dieser seltenen Vorgänge entstandenen Tektiten zunächst als großer Flüssigkeitsstrahl aufgespritzt und erst in der Höhe in kleine Teilstücke aufgelöst sein dürfte.

Vielleicht kann diese Schlußfolgerung Gentners eine Hilfe bieten für das Verständnis eines berühmten, viel erörterten lunaren Tatbestandes. Die bekannten, von vielen großen Kratern des Mondes ausgehenden »Strahlen« könnten möglicherweise anzeigen, daß die auf der Erde so selten eingetretenen Gentnerschen »Spritzvorgänge« auf dem Monde häufiger und kräftiger zustande gekommen sind. Jedoch soll dieser Gedanke hier nur versuchsweise zur Diskussion gestellt werden. Die fraglichen Strahlen werden von verschiedenen Verfassern als eine der rätselhaftesten Erscheinungen der Mondoberfläche bewertet. Das dabei betonte Vorkommen von Strahlen, welche je zwei entfernte Krater verbinden, also ihrem Strahlensystem gemeinsam sind, braucht aber vielleicht nicht als besonders geheimnisvolle Tatsache angesehen zu werden. — Unterstützend ist die Gentnersche Erkennung der in einigen terrestrischen Fällen aufgetretenen Fontänen verflüssigten Gesteins wohl jedenfalls für eine später zu machende Bemerkung betreffs des singulär merkwürdigen Mondkraters Wargentin.

In dem erwähnten Buche von Kuiper und Middlehurst findet man auch eine Monographie von Krinow über das 1908 in Sibirien erfolgte Tunguska-Ereignis, dessen Verschiedenheit von zahlreichen terrestrischen Einstürzen von Meteoriten anscheinend darauf beruhte, daß es sich um die lockere Masse eines Kometen handelte. Die von russischen Verfassern erwogene Verursachung durch einen Aufsturz von Antimaterie fand nach Libby keine ausreichende Bestätigung durch eine erdweite anomale Neutronenwirkung in Jahresringen der Bäume.

III

Es ist wohl allgemein als ein gesunder methodischer Grundsatz der Deutung umfangreicher Beobachtungsergebnisse anerkannt, nach einheitlicher Deutung ähnlicher Tatsachen zu streben. In der Tat werden wir später in der Besprechung der Rillen des Mondes danach streben, ihre Hauptmenge trotz des Auftretens verschiedener Typen als einheitlich verursacht zu deuten. Dagegen muß bezüglich der Erscheinung der Mondkrater das Vorhandensein zweier verschiedener Arten ausdrücklich anerkannt werden: Die *großen Krater* gehören wohl durchweg zu einer dieser beiden Arten; die naturgemäß viel zahlreicheren kleinen Krater hingegen gehören teils zur einen, teils zur anderen Art. Nach Kuipers Urteil kann man bei den einzelnen kleinen Kratern oft an ihrer Form erkennen, zu welcher der beiden Arten sie gehören.

Daß nach den Ergebnissen berufenster moderner Sachkenner, wie Baldwin, Kuiper, Urey die großen Krater durchweg im Sinne der Einsturztheorie gedeutet werden müssen, wird durch folgende empirische Tatsachen begründet:

1. Kreisrunde Form. — Geringe gelegentliche Abweichungen hiervon, mitunter in übertreibender Weise als »Polygonalismus« bezeichnet, sind wohl ohne Schwierigkeit zu verstehen aus der wechselseitigen Störung nahe benachbarter Krater. (Abgesehen von zufälliger Ungenauigkeit der Kreisform.)

2. Statistisch-zufällige Verteilung auf der Mondoberfläche. — Namhaft gemachte Gegenbeispiele hierzu sind wohl ohne Überzeugungskraft.

3. Bei annähernd ebenflächigem Kraterinneren (abgesehen von darin gebildeten jüngeren Kratern) zeigen sich oft »Zentralkegel«. Diese mitunter als angeblicher Gegenbeweis angeführte Erscheinung ist nach Schardin laut einer persönlichen Mitteilung genau das, was die Einsturztheorie aus mechanischen Gründen unter gewissen Umständen erwarten läßt. Nach Modellversuchen von Schardin zeigt sich sowohl bei sehr festem Material als auch bei flüssigem (aber nicht bei mittleren Graden der Festigkeit) als Folgeergebnis der Explosion eine danach eintretende Implosion. Nach Urey [4] ist auch dies schon von Gilbert vermutet worden.

4. Nach der »Schröterschen Regel« enthalten die Kraterwälle annähernd soviel Masse, wie zur Ausfüllung des tieferliegenden Innengebietes nötig wäre. Die Bildung solcher Krater bedeutete also nur eine Umverteilung von Oberflächenmaterial. — Singulärer Ausnahmefall einer starken Abweichung von dieser Regel ist der oft hervorgehobene Krater Wargentin.

Bei Anerkennung der erwähnten vier Tatsachen ergibt sich zwangsläufig die Deutung im Sinne der Einsturztheorie, welche behauptet, daß diese Krater erzeugt wurden durch Einstürze, deren große kinetische Energie eine Verwandlung der eingedrungenen Meteoriten-Materie in Gas ergab. (Dabei ist die Masse der Meteoriten als klein vorzustellen gegenüber der durch die Explosion umverteilten Gesamtmasse.)

Nach Baldwin kann sowohl an großen als auch an kleinen Kratern eine umfassend geltende angenäherte Beziehung zwischen Durchmesser und Tiefe der Krater festgestellt werden. Diese Beziehung läßt sich auch auf kriegserzeugte Bombentrichter anwenden, die ja ebenfalls Ergebnis von Gasexplosionen sind. Es ist in der Diskussion versucht worden, die umfassende Gültigkeit dieser funktionalen Beziehung als einen Einwand gegen die Einsturztheorie der Mondkrater zu verwenden: Da auch das Vorkommen spontaner Eruptionen auf dem Monde anerkannt werden muß, so scheint die durch die Baldwinsche Beziehung angezeigte weitgehende Einheitlichkeit des Gesamtphänomens nahezulegen, alle Krater als Spontaneruptionen anzusehen. Dieser Einwand wird jedoch durch die nachfolgenden Erwägungen ausgeschaltet werden.

Kopal bezweifelt die Anwendbarkeit der Einsturztheorie (die er für viele große Krater als richtig ansieht) gerade für die größten Krater, wie Clavius. Sein Hauptargument ist das, daß nach der Einsturztheorie bei Bildung so großer Krater »devastating« seismische Auswirkungen auf die ganze Mondoberfläche hätten zustande kommen müssen. Es ist aber nicht einzusehen, an welchen Merkmalen das Nichtvorhandensein solcher »devastating«-Effekte (deren Präzisierung Kopal nicht versucht hat) erkannt werden könnte. Sonstige Hinweise Kopals auf Notwendigkeiten vulkanistischer Deutung beziehen sich gerade auf kleine Krater, und sind somit in Einklang mit der im folgenden zu präzisierenden Vorstellung.

Die im angedeuteten Sinne ausgeführte Einsturztheorie der großen Krater erlaubt auch eine glaubhafte ungefähre zeitliche Ordnung der Ereignisse, wie zum Beispiel von Urey erläutert wurde. (Weitere Ausführungen dazu zum Beispiel von Shoemaker [10].) Danach ist ein älterer Entwicklungsabschnitt zu erkennen, welcher vor der Zeit der Mare-Bildungen lag: Damals ist das Bombardement der Einsturzkörper (insbesondere der großen) erheblich stärker gewesen als später; der Mond befand sich wohl damals noch inmitten vieler kleinerer Erdsatelliten, aufgrund der Vorgänge, die zur Entstehung (bzw. vielleicht der von manchen Verfassern vermuteten Einfangung) des Mondes führten. Das nach der Mare-Bildung fortgesetzte Meteoriten- und Kometenbombardement könnte sich in ungefähr gleichbleibender Stärke vollzogen haben — diese Stärke wäre dann in dem zu erwartenden Verhältnis zu der analogen Bombardierung des (dem Asteroiden-Gürtel nahen) Mars vorzustellen.

Bezüglich des Kraters Wargentin, dessen Inneres bis zum Kraterrand ausgefüllt ist, etwa 350 m über der Umgebung liegend, muß im Auge behalten werden, daß es sich um einen singulären Ausnahmefall gegenüber allen sonst bekannten Kratern handelt — welche (je nachdem, bis zu welcher Kleinheit wir bei der Zählung hinuntergehen) Tausende bis Zehntausende von Beispielen ungefährer Innehaltung der Schröterschen Regel bilden. Es wird deshalb nicht nur zulässig, sondern geradezu geboten sein, für diesen einzigartigen Sonderfall eine entsprechende Besonderheit der Entstehung im Rahmen der durch die anderen Fälle begründeten Erklärungsweise anzunehmen. So könnte als seltener Ausnahmefall ein Einsturz mit sehr geringer kinetischer Energie stattgefunden haben, wobei sich statt Verdampfung nur Verflüssigung des Einsturzkörpers ergab. Auch kommt nach Gilbert eine nachträgliche Füllung des Kraters durch Lavamassen (analog wie bei den Mare-Gebieten) in Frage. Von diesem Ausnahmefall Wargentin ableiten zu wollen, daß auch die großen Krater vulkanisch bedingt seien, ist wohl nicht überzeugend.

IV

Daß die kleinen Mondkrater im Gegensatz zu den großen teilweise durch *Spontan-Eruptionen*, statt durch Auftreffen von Meteoriten erzeugt sind, ergibt sich zwingend aus der Tatsache, daß ein Teil dieser kleinen Krater nicht statistisch verteilt, sondern an bestimmte Linien gebunden ist. Die fraglichen Krater treten in Ketten auf, die sich häufig zu nahezu geschlossenen Linien verdichten, und andererseits auch oft den später zu besprechenden Spalten und Rillen des Mondes folgen. Kozyrev [11] hat eine aufsehenerregende Entdeckung gemacht, als er 1958 eine Gaseruption am Zentralkegel des Kraters Alfonsus beobachtete. Nach Ausweis des dabei aufgenommenen, von Kalinyak und Kamionko [11] analysierten Spektrums handelte es sich um ein kohlenstoffhaltiges Gas, welches den aus Kometenköpfen entweichenden Gasen ähnlich zu sein scheint. Die Deutung dieses Befundes ist von Öpik ausführlich erörtert worden, mit dem Ergebnis, daß das Leuchten der Eruptionsgase wahrscheinlich nicht etwa ein Anzeichen vulkanischer Hitze war, sondern eine Fluoreszenz im Sonnenlicht Die in englischer Sprache wiedergegebene Berichterstattung Kozyrevs betonte zwar den vulkanischen Charakter dieses Gasausbruches; jedoch gibt Alter [3] an, daß diese Betonung im russischen Originaltext nicht vorhanden gewesen, sondern durch Übersetzungsfehler hineingebracht sei. Eine weitere, 1959 beobachtete Eruption lieferte weniger Information als diejenige von 1958.

Kleine Krater, welche dem von Kozyrev untersuchten ähnlich zu sein scheinen, zeigen sich verschiedentlich gerade auf den Zentralkegeln großer Krater. (Beispielsweise Regiomontanus A.) Wenn wir jedoch diese kleinen Krater als Orte von Gaseruptionen deuten können, so bleibt kein Anlaß, die Zentralkegel als Ergebnis einer vulkanischen Eruption (im Gegensatz zur obigen Schardinschen Deutung) anzusehen. Vielmehr dürften die Zentralkegel in ähnlicher Weise wie Spalten und Rillen ein Zustandekommen von Gasausbrüchen begünstigen.

Die Vermutung, daß Gaseruptionen auf dem Monde eine erhebliche Rolle spielen, wird auch durch die Tatsache unterstützt, daß nach Angaben älterer Beobachter häufig eine Verschleierung gewisser Flächenstücke des Mondes festzustellen ist. Die heute bevorzugte Beobachtungstechnik ist wohl der Bestätigung dieser Befunde nicht günstig, und die geringe Zahl moderner Bestätigungen braucht nicht (wie seitens Kuipers geschehen) als Einwand gegen die älteren Berichte angesehen zu werden. Der oben berührte Einwand gegen die Einsturztheorie, welcher sich auf die Baldwinsche Beziehung zwischen Kratergrößen und Kratertiefen gründete, gewinnt positive statt negative Bedeutung für die Einsturztheorie, wenn wir die Möglichkeit in Betracht ziehen, daß diejenigen (durchweg kleinen) Krater, welche durch ihre Lage an Rillen oder in Ketten zeigen, daß sie nicht zur Art der durch Meteoriten bedingten Explosionen gehören, durchweg Gasvulkane sein könnten. Trotz ihres Charakters als Spontaneruptionen werden sie sich der Baldwinschen Beziehung mit einordnen müssen, wenn sie ebenfalls Gaseruptionen sind und keineswegs die Bedeutung von Lavaergießungen analog zum terrestrischen Vulkanismus haben.

Der Vermutung, daß es sich bei derjenigen Art von Kratern,

welche nicht durch Meteoriteneinsturz erzeugt sind, allgemein und grundsätzlich um Gaseruptionen handelt, scheint in den empirischen Tatsachen keine Schwierigkeit entgegenzustehen. Andererseits ist diese Vorstellung vielleicht auch geeignet, die schon oben berührte Paradoxie des Auftretens von Sternschnuppen über dem Monde zu beheben. Diese Sternschnuppen, bei Moore [5] eingehend besprochen, wurden früher so gedeutet, daß man der Mondatmosphäre zwar auf der Oberfläche erheblich geringere Dichte zuschrieb als der irdischen Atmosphäre an der Erdoberfläche, aber für Mond und Erde größenordnungsmäßig ähnliche Luftdichten in 80 bis 100 km Höhe annahm — die barometrische Höhenformel würde ja beim Monde eine erheblich langsamere Abnahme der Luftdichte mit zunehmender Höhe ergeben als bei der Erde. Moderne optische und vor allem radioastronomische Untersuchungen haben jedoch diese Deutung unmöglich gemacht, da die atmosphärische Dichte auf der Mondoberfläche weniger als das $6 \cdot 10^{-10}$- oder sogar das 10^{-13}fache derjenigen auf der Erdoberfläche sein muß. Dies legt die Vorstellung nahe, daß es eine beträchtliche ständige Lieferung von Eruptionsgasen aus der Mondoberfläche geben dürfte, die sich zunächst fleckweise oder gebietsweise als Verschleierungen auswirken, aber beim Aufstieg in die Höhe mindestens auf der Nachtseite des Mondes zeitweise eine nichtstabile, aber stationäre atmosphärische Schicht bilden, die in 80 bis 100 km Höhe im Zeitmittelwert dicht genug ist, um Sternschnuppen entstehen zu lassen. Da die fraglichen Gasmassen dem Monde fortlaufend verlorengehen werden (vielleicht mehr aufgrund des Sonnenwindes als aufgrund des kleinen Wertes der Entweichgeschwindigkeit), so verlangt diese Vorstellung allerdings eine recht merkliche Tätigkeit der Mondoberfläche in Gasausbrüchen. Ob die beobachteten Luminiszenz-Erscheinungen der Mondoberfläche mit dieser Erzeugung fluoreszierender Gase in Verbindung zu bringen oder aber auf Eigenschaften des Gesteinsmaterials zurückzuführen sind, kann wohl vorläufig noch nicht geklärt werden.

Dietz und Holden [8] haben die These ausgesprochen, »that

explosive volcanism, similar to that on earth«, auf dem Monde ein »unlikely phenomenon« sei. Die oben besprochenen empirischen Verhältnisse scheinen mir diese These zu unterstützen. Abgesehen von Gaseruptionen (die natürlich auch von Dietz und Holden als gegebene Tatsache anerkannt werden) scheint weder für die Erklärung der Krater noch für die Erklärung der Mare und ihrer Erscheinungen die Hypothese eines lunaren Vulkanismus — analog dem terrestrischen — erforderlich. Diese Hypothese ist also von den vorhandenen Tatsachen aus nicht beweisbar.

V

Rillen und Spalten auf der Mondoberfläche sind neben den Kratern eine sehr verbreitete, häufig anzutreffende Erscheinung. Die Raketenmethoden haben uns viele neue Beispiele bekanntgemacht, die sich der Fernrohrbeobachtung noch entzogen. Die heutigen Unterlagen lassen uns einen breiten Fächer verschiedener Formen erkennen, zwischen oft sehr glatten, nahezu geradlinigen Spalten einerseits über Spalten oder Rillen, die mit kleinen Kratern besetzt sind, bis zum anderen Extremfall bloßer Kraterketten ohne zusätzliche Rillenstruktur. Beispiele besonders kräftiger, auffälliger Rillen sind das Rheita-Tal, die Byrgius-Rille, die Sirsalis-Rille, die Hyginus-Rille, die Ariadaeus-Rille, das Alpental und das Schroeter-Tal. Unter diesen scheint die Hyginus-Rille eine Kraterkette zu sein, die Ariadaeus-Rille hingegen eine ausgeprägte Spalte.

Mit der Einbeziehung des Alpentals in obige Liste widersprach der Verfasser vor einigen Jahren der traditionellen Deutung des Alpentals, die von fast allen Mondforschern (ausgenommen Moore) angenommen war. Dieser Widerspruch hat inzwischen durch eine Aufnahme des Lunar Orbiter IV eine glänzende Bestätigung erhalten (vgl. [13]).

Inhalt dieser traditionellen Deutung des Alpentals war die Behauptung, es handele sich um eine Schramme, die von einem tangential treffenden großen Meteoriten gekratzt sei. Meine kritische Ablehnung dieser Deutung ging von der Erwägung aus, daß sie in Widerspruch stehe zu den Vorstellungen der Einsturztheorie der großen (und eines Teiles der kleinen) Krater. Die Aufnahme des Alpentals durch Orbiter IV zeigte nun als vorher unbekannt gewesene Feinstruktur eine in der Mitte des Tales entlanglaufende wesentlich schmalere Spalte, anderen Beispielen schmaler Spalten ähnlich. Die englische Zeitschrift New Scientist, London [14], machte zu diesem überraschenden Befund folgende Bemerkungen:

»What is immediately obvious, apart from the accurately centered position of the median crack, is the very flat floor of the valley, and the fact that the profile of one wall of the valley in some place closely resembles that of the facing wall.

These characteristics seem to add up to a coherent story. Either tension or shrinkage initially started a crack in the Moon's surface which then widened; the process was halted while the floor of the valley filled up with fresh material; and finally the cracking movement recommenced along the older line of weakness. Such resumption of activity in predetermined place is typical of many terrestrial processes such as geological faulting.«

Die mit diesen Sätzen ausgesprochene Deutung des Alpentals scheint mir hundertprozentig überzeugend. Sie bringt das Alpental in Beziehung zu der terrestrischen Erscheinung der großen Grabenbrüche, über welche wir seit den Entdeckungen von Ewing, Heezen, Tharp — und ferner von Vine und von Carey — so erstaunliche, sensationelle Erkenntnisse gewonnen haben.

Ein ganz anderer Deutungsversuch für Mondrillen hat sich neuestens entwickelt aus der Tatsache, daß manche Beispiele von Rillen vielfach gewunden sind, in einer dem Mäandern irdischer Flüsse ähnlichen Weise: Es ist versucht worden, diese Beispiele tatsächlich als ehemalige Wasserläufe (aber ohne Nebenflüsse!) zu deuten. Überzeugt, daß dies eine extrem verfehlte Deutung ist, will ich meine Einwände kurz präzisieren:

1. Zweifellos könnte diese Deutung auf die Mehrzahl der vorhandenen Spalten nicht angewandt werden — viele Spalten durchqueren Krater-Wälle; man müßte sich also entschließen, das weitgehend einheitliche Erscheinungsbild der Spalten und Rillen des Mondes (diese Einheitlichkeit ist in erheblichem Umfang gegeben, trotz des breiten Spektrums verschiedener Typen von ge-

radlinigen Spalten einerseits bis zu bloßen Kraterketten andererseits) komplizierend in ganz verschiedenartig bedingte Teilerscheinungen aufzutrennen.

2. Nach einer von Einstein [20] gegebenen Aufklärung beruht das Mäandern irdischer Flüsse auf der Erdrotation. Die Behauptung, daß es früher auf dem Monde nicht nur Flüsse, sondern auch mäandernde Flüsse gegeben habe, schließt also die Aussage ein, daß zu ihrer Bildungszeit der Mond noch in kräftiger Rotation befindlich gewesen sei — ein Folgerung, die wohl schwerlich irgendein Spezialist der Mondforschung mitmachen möchte. (Man müßte im Sinne des von Einstein erklärten Baerschen Gesetzes der Mäanderbildung übrigens auch die Achse der damaligen Rotation aus den jetzt beobachteten Mäanderformen ablesen können.)

3. Die neuerdings in der Diskussion der Mondprobleme mehrfach zutage getretene Neigung, für die Vergangenheit die Anwesenheit von Wasser auf dem Mond in Betracht zu ziehen, scheint mir wenig überzeugend. Ich zitiere Kopal: »If, therefore, the Moon possesses no detectable atmosphere it cannot, of course, maintain any liquid on its surface. Near the poles, to be sure, depressions may exist which are never reached by direct sunlight (and which are illuminated, at best, by sunlight scattered from adjacent landscape). In such regions, condensed volatile substances may possibly be present in the form of some kind of a permafrost; but should they ever evaporate, they are apt to be lost in a very short time. Hence, no liquid — or even solid — water can be present at any spot of the Moon which can be reached by sunlight. The surface of the Moon must thus be regarded as bone-dry; and to have been so since time immemorial. No feature visible on the surface of the Moon could thus have been formed, or even modified, by running water.«

4. Endlich ist festzustellen, daß keinerlei Notwendigkeit gegeben ist, das Vorkommen von Rillen mit starken Krümmungen als besonders erstaunlich anzusehen. Da die im besprochenen Sinne gedeuteten Rillen wahrscheinlich solche sind, die starke Besetzung mit kleinen Kratern haben, so ist es ganz natürlich, daß

ihre Gestaltsverhältnisse sich den Fällen ausgesprochener Kraterketten annähern.

Gilbert hat seinerzeit die Deutung von Mondrillen als Spuren tangentiellen Auftreffens bewegter Körper auch auf eine andere Tatsache anzuwenden versucht. In der Gegend des Kraters Ptolemaeus (und ähnlich andernorts) gibt es ein ausgedehntes Gebiet, das in beträchtlicher Anzahl parallel gerichtete Rillen zeigt. Gilberts Deutung besagte, daß hier viele Brocken niedergefallen seien, die bei Entstehung des Mare Imbrium hochgeworfen wurden. Die Unmöglichkeit dieser Deutung scheint mir unzweifelhaft: Die Wurfparabel (bzw. Wurfellipse) einer von einem Orte der Mondoberfläche hochgeschleuderten Masse kann nicht in ihrem Endstück in eine tangentielle Flugrichtung umbiegen. Es scheint mir deshalb zwingend gegeben, zu folgern, daß in dem fraglichen Gebiete die Bildung der Rillen eine stark anisotrope Spannung der Mondoberfläche bestand, welche zur Entstehung von Zerreißspalten senkrecht zur Spannungsrichtung führte. Wir kommen damit auch in diesem Fall dazu, den Rillen eine Deutung zu geben, durch die sie in Analogie zu den terrestrischen Grabenbrüchen gestellt werden. Diese Analogie dürfte in recht umfassender Weise eine Erklärung der Rillenerscheinung anbahnen.

Dabei braucht man nicht auszuschließen, daß für eine Minderzahl von Fällen — insbesondere von Spalten in Maregebieten — die von Kuiper vorgeschlagene Deutung Berechtigung hat, wonach sich Spalten gebildet haben bei Abkühlung und Erstarrung der in den Maren ausgebreiteten Lavamassen. Kuiper sieht diese Auffassung gestützt durch Beispiele von konzentrischen und radialen Spalten in annähernd kreisförmigen Maren. Die oben betonte Bevorzugung einer einheitlichen Erklärung der Hauptmenge vorhandener Rillen soll natürlich nicht bedeuten, daß zusätzliche Spaltenbildung aus anderen Ursachen als ausgeschlossen bezeichnet würde. Jedoch kommt Kuipers Deutung nur für einen kleinen Teil der Fälle in Betracht.

VI

Die Vorstellung, daß auf dem Monde gewaltige Staubmassen vorhanden seien und daß die Mare weitgehend als solche Staubgebiete zu deuten seien, ist in der Diskussion der letzten Jahre zeitweise stark gepflegt worden. Sie hat aber an Anhängerschaft verloren, nachdem die ersten »weichen« Mondlandungen keine Ermutigung für diese Vermutung erbrachten. Unmittelbarer Beweis dafür, daß die versuchte *Deutung der Mare* als Staubgebiete statt Lavagebiete nicht zutreffen kann, scheint mir in den vielen Beispielen solcher älterer Krater gegeben, welche durch die Füllmasse der Mare teils bedeckt, teilweise aber auch zum Einsturz gebracht sind. Dies spricht für Lava als Material der Maregebiete; die Lavamassen sind aber teilweise erst nachträglich eingeflossen. Ferner könnten die in den Maren später erzeugten zahlreichen Einsturzkrater sich in Staubmassen nicht erhalten haben. Von Urey [19] sind allerdings Zweifel betreffs der Lavanatur der Mareböden geäußert worden, während Kuiper [19] die Ranger-Aufnahmen als entschiedene Bestätigung bewertet. Viele in den Maren liegende Wülste unterstützen die Deutung als Lavagebiete. Die gelegentlich empfohlene Deutung der Wülste als Dünen, in einer frühen Atmosphäre gebildet, ist wohl unhaltbar. Schlagender Beweis für eine vorhandene, aber recht dünne Staubschicht ergab sich in der Nahaufnahme einer amerikanischen Mondsonde, die 1967 Rollspuren zweier Steine photographierte.

Eine in den Maregebieten häufig auftretende Erscheinung sind die zahlreichen Kuppeln (englisch »domes«). Sie sind häufig als »Magmabeulen« gedeutet worden; doch ist von Gold eine ganz andere Deutung gegeben: Es kann sich auch um Ergebnisse des Dauerfrostes in einer unter der Mondoberfläche liegenden Schicht handeln. Das Vorhandensein einer nahe der Oberfläche liegenden Schicht, deren Temperatur ständig unter dem Gefrierpunkt bleibt, ist eine durch Radar-Untersuchungen gesicherte Tatsache. Es muß deshalb auch als Ergebnis einer langsamen Entwässerung von Tiefengesteinen — mit der Folgewirkung aufsteigenden Wassers — zu Eisansammlungen in der Schicht des Dauerfrostes kommen, und es dürfte unvermeidbar sein, einen Teil der beobachteten Kuppeln oder Beulen als Fälle solcher Eisansammlungen zu deuten. Solange keine diesbezüglichen Bohrungsergebnisse vorliegen, wird es mindestens unbeweisbar bleiben, daß es außerdem auch Magma-Beulen gibt, welche anzunehmen also vorerst eine unnötige und komplizierende Hypothese ist: Empirische Anzeichen für das Vorliegen zweier verschiedener Arten von Beulen sind nicht bekannt. — Daß in den Polgebieten die Permafrost-Schicht nach Kopal auch die Oberfläche einschließen könnte, kam oben schon zur Sprache.

Die zuerst von russischen Raketen erzielten Aufnahmen der Rückseite des Mondes haben einen ausgeprägten Unterschied zwischen Rückseite und Vorderseite des Mondes klargestellt. Die großen Mare des Mondes liegen fast ganz auf der Vorderseite. Man kann die Tatsache, daß die Mare gerade auf der der Erde zugewandten Seite liegen, wohl nicht zum Gegenstand eines Erklärungsversuches machen, sondern muß sie als eine historische Zufälligkeit der Mondentwicklung hinnehmen. Wohl aber ist diesem empirischen Tatbestand eine ganz grundsätzliche Folgerung zu entnehmen: Die Mare können nicht durch die innere Entwicklung des Mondes bedingt gewesen sein; denn sonst müßten sie in ungefähr gleichmäßiger Verteilung auf der Oberfläche vorhanden sein.

Hiermit verneinen wir eine Theorie, welche von Kuiper mit besonderer Entschiedenheit vertreten worden ist: Nach Kuiper sollten die in den Maren ausgebreiteten Lavamengen durch eine im Innern des Mondes eingetretene Erhitzung und Verflüssigung entstanden und dann zur Oberfläche durchgebrochen sein.

Bezüglich einiger kleinerer Mare, wie Imbrium, Crisium, Nectaris, Humorum, ist von Urey [10] und auch von Kuiper [12] eine ausführliche Begründung gegeben worden für die Vorstellung, daß sie nur im quantitativen Sinne verschieden seien von sehr großen Kratern: Sie dürften durch besonders große Einsturzkörper verursacht sein. Es scheint mir dann unfolgerichtig, für die größeren Mare eine ganz abweichende Deutung zu fordern: Diese

94

zeigen durchaus diejenigen Verhältnisse, welche sich bei Überlappung mehrerer durch Einsturz erzeugter Maregebiete ergeben mußten. Insbesondere mußten sich bei solcher Überlappung umfangreiche oberflächliche Aufschmelzungen des Mondes ergeben, die auch eine fließende Ausbreitung der so erzeugten Lavamassen bedingten. Die durch die Rückseiten-Untersuchung des Mondes erwiesene Notwendigkeit, auch die Mare-Bildung als einen durch Einwirkung von außen verursachten Vorgang anzusehen, ergibt wohl keinen Widerspruch zum Vorhandensein dieser so umfangreichen Lavamengen und widerlegt jedenfalls die gegenteilige Beurteilung durch Kuiper: »No doubt the impacts did some heating, but there is convincing evidence that the principal cause of the lavas was the internal heat already stored up in the moon at the time of impact.« Auch die von Baldwin [16] versuchte Vermeidung einer Einsturzdeutung der Mare scheint mir durch die Tatsachen der Rückseite des Mondes widerlegt.

VII

Der obige Versuch hypothesenfreier Erörterung der empirischen Tatsachen machte folgende Aussagen wahrscheinlich:

1. Es gibt auf dem Monde einen starken Gas-Vulkanismus, der für einen Teil der kleinen Krater verantwortlich ist.

2. Dagegen müssen alle großen Krater nach der Einsturztheorie gedeutet werden.

3. Auch die Mare müssen — nach Ausweis ihrer die Kugelsymmetrie stark verletzenden Verteilung — als Ergebnisse äußerer statt innerer Wirkungen gedeutet werden.

4. Lava-Vulkanismus ist aus den vorhandenen Tatsachen nicht zu erweisen. Die »Kuppeln« können Permafrost-Wirkungen sein.

5. Die Rillen des Mondes sind zum größten Teil als lunares Analogon zu terrestrischen Grabenbrüchen zu bewerten. Der enge Zusammenhang von Rillen und Gasvulkanen macht die Hypothese früherer mäandernder Flüsse unnötig; der Einsteinsche Zusammenhang von Mäandern und Erdrotation macht diese Hypothese wahrscheinlich unmöglich.

Das danach wahrscheinlich gewordene Fehlen von Lava-Vulkanismus auf dem Monde ist in Übereinstimmung nicht nur mit der These von Dietz und Holden [8], sondern auch mit der von meinem verstorbenen Mitarbeiter Binge begründeten Deutung des terrestrischen Vulkanismus, wie später erläutert werden soll. Andererseits stellt der Vergleich der Spalten und Rillen des Mondes mit Grabenbrüchen die Erscheinungen der Mondoberfläche in Beziehung zu einer sehr aktuellen Thematik der Geophysik. Durch Ewing, Heezen, Tharp und die an ihre Entdeckung anknüpfenden Forscher ist bewiesen worden, daß es auf der Erde ein riesiges Spaltensystem gibt, längs dessen magmatische Massen aufsteigen. Im Atlantik läuft eine dieser Spalten auf der Atlantischen Schwelle entlang — der Atlantik ist zu deuten als Ergebnis der längs dieser Spalte vollzogenen allmählichen Verbreiterung des dortigen Tiefsee-Bodens. Der vor langer Zeit begonnene Verbreiterungs-Vorgang bewirkte u. a. die zunehmende Entfernung von Afrika und Südamerika, welche vorher einen zusammenhängenden Kontinent bildeten, auf welchem die fragliche Spalte als Grabenbruch ihre Wirksamkeit begann. Diese die alte, lange Zeit vielseitig abgelehnte Theorie Wegeners bestätigende Feststellung ist bekanntlich neuerdings durch Carey zur Gewißheit gemacht worden, welcher gezeigt hat, daß die Kontinentalblöcke Afrika/Südamerika mit ihren wahren Grenzen (Kontinentalabhang) wesentlich genauer zusammen passen als mit ihren Küstenlinien. Nach Vine bestätigen die paläomagnetischen Streifenmuster, welche die atlantische Zerreißspalte begleiten, die von Heezen vorgetragene These, daß sich die Verbreiterung des Atlantik dadurch vollzieht, daß die Spaltenufer sich voneinander entfernen, während Magma in der Spalte aufsteigt. Seit etwa 10^7 Jahren (Ewing und Ewing) vollzieht sich diese Verbreiterung (nach vorhergegangener Pause) mit einer Geschwindigkeit zwischen 1 und 5 cm jährlich. Ähnliche Verhältnisse bestehen im Pazifik.

In der Diskussion dieses nunmehr als gesicherte Tatsache anzusehenden »spreading of oceans« überwiegt zur Zeit noch die Vorstellung, daß die fragliche Vergrößerung des Tiefseebodens kompensiert werde durch andere Erscheinungen (die teils in den bekannten, mit Inselgirlanden verknüpften Tiefseegräben, von anderen Verfassern hingegen in Vorgängen der Gebirgsfaltung vermutet werden). Der Berichterstatter hat jedoch in seinem Buche [6] die These vertreten, daß es keine solche »Kompensation« gebe, sondern eine echte Erdexpansion in dem vorliegenden »spreading of oceans« zu erblicken sei.

Eine erwägbare physikalische Begründung dieser vielleicht empirisch angezeigten Expansion liegt in einer Theorie der Gravitation (vom Verfasser sowie auch von Thiry und von Dicke und Brans ausgeführt), welche neben dem der Einsteinschen Gravitationstheorie zugrunde liegenden »Tensor-Feld« auch ein zusätzliches Skalar-Feld voraussetzt. Auf Einzelheiten dieser Theorie und der vielseitigen ihr gewidmeten Diskussionen soll hier nicht eingegangen werden. Erwähnt sei nur, daß sie in Verbindung mit dem Friedmannschen kosmologischen Modell zur Unterstützung einer von Dirac vor etwa 30 Jahren ausgesprochenen Hypothese führt: Diese freilich in vielfältigen Diskussionen umstrittene Hypothese besagt, daß die Gravitationskonstante im Laufe der kosmologischen Entwicklung in (sehr langsamer) Abnahme begriffen sei. Astronomische Präzisionsmessungen scheinen dies zu bestätigen. (Vgl. [18]).

Dicke hat vor etwa einem Jahrzehnt den Gedanken geäußert, daß die Spaltensysteme des Mondes Anzeichen einer der Diracschen Hypothese entsprechenden geringfügigen Expansion sein könnten; die oben besprochenen empirischen Verhältnisse, welche einen Vergleich der Mondspalten mit Grabenbrüchen veranlaßt haben, scheinen diesen von Dicke geäußerten Gedanken zu begünstigen. Diskussionsbeiträge anderer Verfasser haben eine geringfügige Expansion des Mondes auf Grund radioaktiver Erwärmung als wahrscheinlich bezeichnet. Der vorliegende Aufsatz möchte die vielseitige Verknüpfung verschiedener geophysikalischer Diskussionsthemen hervorheben, ohne für eine abschließende Beurteilung zu plädieren.

Dazu gehört auch die Bemerkung, daß die oben erwähnte

Bingesche Deutung des terrestrischen Vulkanismus ebenfalls einen Zusammenhang mit der Hypothese der Erdexpansion hat. Dietz und Holden [8] haben ausgesprochen:»Little is known with certainty about the ultimate nature of terrestrial volcanism«. Der verbreiteten Ansicht, daß der Vulkanismus eine Erscheinung ohne grundsätzliche Rätsel sei, stehen auch anderweitige Betonungen des schwer verständlichen Charakters dieser Erscheinung gegenüber — beispielsweise die vor etwa zwei Jahrzehnten von Kuhn und Rittmann versuchte Deutung des Vulkanismus, welche eine (zweifellos unmögliche) revolutionäre Umgestaltung unserer Vorstellungen vom Erdinnern befürwortete, um die im vulkanischen Material zutage tretende erdweite Explosionsbereitschaft verständlich zu machen. Dietz und Holden ziehen es vor, das Eindringen von Wasser in glutflüssige Magmamassen als wichtigste Explosionsursache anzusehen und leiten dann aus dem Fehlen von Wasser auf dem Mond das dortige Fehlen von Vulkanismus ab. Binge hingegen erklärt die fragliche Explosionsbereitschaft aus der Voraussetzung der Dirac-Hypothese und der Erdexpansion durch die Vorstellung, daß fortschreitende Druckentlastung der Krustenschichten Phasenumwandlungen der Gesteine bedingt, welche sich zum Teil in explosiver Form vollziehen. Für den Mond wird dann das Fehlen eines Analogons zum terrestrischen Vulkanismus auf Grund der viel schwächeren Expansion verständlich.

Das inzwischen historische Apollo-11-Ereignis zeigte Fußspuren der Astronauten in einer etwa 1 cm dicken Staubschicht. Es bestätigte auch in allen anderen bislang bekanntgegebenen Ergebnissen die hier vertretenen Schlußfolgerungen, unter Widerlegung einiger in den letzten Jahren vielfach diskutierter Spekulationen (wie: kilometertiefe Staubgebiete; Mare als Austrocknungsgebiete früherer Wassermassen usw.).

SCHRIFTTUM

Ein beträchtlicher Teil der modernen Arbeiten zur Mondforschung ist im Rahmen von Sammelwerken, mit Beiträgen zahlreicher Verfasser, veröffentlicht.

Zu Hinweisen auf diese Beiträge ist im Folgenden jeweils nur der Titel des Sammelwerkes angegeben.

[1] G. P. Kuiper: Photographic Lunar Atlas. Chicago 1960. — [2] Z. Kopal, J. Klepšta, T. W. Rackham: Photographic Atlas of the Moon. New York 1965. — [3] D. Alter: Lunar Atlas. New York 1964. — [4] A. Beer: Vistas in Astronomy. Bd. II. London 1956. — [5] P. Moore: Die Welt des Mondes. Dtsch. Ausgabe München 1957. — [6] P. Jordan: Die Naturwiss. 53, 117 (1966); Die Expansion der Erde. Braunschweig 1966. (Neu bearbeitete englische und russische Ausgabe im Erscheinen.) — [7] B. M. Middlehurst, G. P. Kuiper: The Moon, Meteorites and Comets. The Solar System Bd. IV. — [8] H. E. Wipple (Ed.), Ann. N. Y. Acad. Sci. 123, 367 (1965). — [9] H. E. Landsberg, J. van Mieghem: Advances in Geophysics. Bd. 11. N. Y. 1965. — [10] Z. Kopal: Physics and Astronomy of the Moon. New York 1962. — [11] Z. Kopal, Z. K. Mikhailov: The Moon. New York 1962. — [12] R. Jastrow: The exploration of space. New York 1960. — [13] P. Jordan: Die Naturwiss. 55, 225 (1968). — [14] New Scientist 34, 779 (1967). — [15] R. B. Baldwin: The Face of the Moon. Chicago 1949. — [16] R. B. Baldwin: A fundamental survey of the moon. New York 1965. — [17] Z. Kopal: The Moon. 2. Aufl. London 1963. — [18] P. Jordan: Z. Physik 201, 394 (1967). — [19] H. Massey, T. Gold, S. K. Runcorn: A Discussion of the Moon and its Environment. Proc. Roy. Soc. A 296, 243 (1965). — [20] A. Einstein: Naturwiss. 14, 223 (1926).

8. Raumfahrt und Planetenforschung

Der amerikanische Präsident Kennedy hatte schon einige Zeit vor seinem unerwarteten Tode der amerikanischen Raumfahrtbehörde den Auftrag gegeben, bis zum Jahre 1970 eine erstmalige Landung von Amerikanern auf dem Mond zu verwirklichen. Sein Nachfolger, Präsident Johnson, hat diesen Auftrag dann nicht nur bekräftigt, sondern hinzugefügt, daß die erstmalige amerikanische Landung auf dem Mond keineswegs ein einmaliges Unternehmen bleiben sollte, sondern der Anfang einer Kette weiterführender Raumfahrtereignisse. Tatsächlich kam aber die Verwirklichung der ersten Mondlandung bekanntlich schon 1969 zustande. Die Raumfahrtbehörde hatte die ihr gestellte Aufgabe sogar schneller erfüllen können, als der Auftrag Präsident Kennedys vorschrieb. Das beruhte zum Teil darauf, daß einige Jahre vorher diese Behörde einen sehr mutigen, vorausschauenden Entschluß gefaßt hatte: Nämlich den Entschluß, die Schaffung, die Entwicklung eines neuen Antriebsofens in Gang zu setzen, bevor überhaupt die sonstigen Konstruktionspläne vorlagen für eine Rakete, die groß genug sein würde, um den fraglichen neuen Antriebsofen zu erfordern. Dieser Antriebsofen ist für die ganze Rakete ein Konstruktionsteil von erstrangiger Wichtigkeit — es handelt sich um den am Ende der Rakete befindlichen Verbrennungsraum, in welchem der Brennstoff mit flüssigem Sauerstoff zusammengespritzt wird, um dann den nach rückwärts austretenden Brennstrahl zu erzeugen, der unter donnerndem Getöse durch seine Rückstoßwirkung den Antrieb der Rakete liefert.

Es ist verständlich, daß beim Fortschreiten zu immer größeren und kräftigeren Raketen die Konstruktion, Erprobung und Entwicklung dieses Ofens besonders schwierige Aufgaben stellt, also auch besonders zeitraubend ist. Daher konnte die amerikanische

Raumfahrtbehörde in unerhofftem Maße Zeit sparen, indem sie die Konstruktion eines alle früheren Größen überbietenden Ofens voranstellte, bevor überhaupt schon ein fester Entschluß gefaßt war für die Schaffung jener Rakete, mit welcher dann erstmalig amerikanische Raumfahrtpioniere zum Mond gebracht worden sind.

Diese Rakete, welche man damals Saturnrakete genannt hat, bestand aus drei Stufen — nur die oberste, kleinste Stufe war für die Reise zum Mond bestimmt, während die beiden anderen Stufen nach Erfüllung ihrer Antriebs- und Beschleunigungsaufgabe ihrem Schicksal überlassen blieben. Die unterste Stufe hatte eine Höhe von 38,5 m; die zweite Stufe war 26 m hoch; die dritte, oberste Stufe, also die eigentliche Reiserakete, war 14 m lang. Vom Start der Rakete bis zum sogenannten Brennschluß, dem Aufhören des letzten Antriebs, vergingen 145 Sekunden.

Zur richtigen Würdigung der technischen Leistung, die mit der Schaffung dieser Rakete vollbracht wurde, ist es wichtig, uns zu vergegenwärtigen, daß in einer solchen Rakete mehrere Millionen von Einzelteilen vereinigt sind, von denen jedes einzelne in Präzisionsarbeit die genau richtige Form bekommen hat, welche es nach theoretischer Berechnung sowie nach eingehender Erprobung in Windkanälen oder sonstigen Prüfeinrichtungen haben soll, damit es genauestens seine Aufgabe erfüllt — nur bei fehlerloser Funktionsweise jedes dieser Millionen Einzelteile kommt es zustande, daß die Rakete ihren Auftrag erfüllen kann und daß die Astronauten Aussichten haben, lebend zurückzukehren.

Die uns heute so geläufige Erkenntnis, daß die Erde und auch der Mond nahezu kugelförmige Körper sind — ganz anders, als nach den Vorstellungen frühgeschichtlicher Zeit, deren Menschen noch glaubten, daß die Erde eine große flache Scheibe sei, ringsum von Meer umflossen und vom Himmelsgewölbe überdacht — diese Erkenntnis der Kugelgestalt sowohl der Erde als auch des Mondes ist in der Zeit der alten Griechen schon von kühn denkenden Philosophen und Mathematikern erfaßt worden. Man hatte sich damals schon klargemacht, daß die wechselnden Gestalten, in denen der Mond uns im Laufe eines Monats sichtbar ist, zu verstehen sind aus seiner Beleuchtung durch die Sonne; und jene Philosophen und Mathematiker des Altertums hatten auch bereits verstanden, daß Sonnenfinsternisse durch den Schattenwurf des Mondes auf die Erde zustande kommen und Mondfinsternisse durch den Schattenwurf der Erde auf den Mond. Ein genialer Gedanke hat es schon im Jahre 220 v. Chr. möglich gemacht, sogar die Größe der Erdkugel zu ermitteln — nämlich durch Messung des Schattenwurfs eines Obelisken in Unterägypten an einem Tage, an welchem die Sonne einen Brunnen in Oberägypten mittags bis in die Tiefe erleuchtete — also genau senkrecht herunter schien. Die Genauigkeit dieser Ermittlung der Größe der Erdkugel wurde nur dadurch noch merklich begrenzt, daß die räumliche Entfernung zwischen dem Obelisken und dem Brunnen damals nur nach der Zeitdauer einer Kamelreise zwischen den beiden Orten beurteilt werden konnte — was natürlich weit davon entfernt blieb, heutigen Präzisionsmessungen zu entsprechen. Trotzdem hat der geniale Eratosthenes — so hieß er — in seiner Erdmessung immerhin schon eine Genauigkeit bis auf etwa 10 Prozent erreicht.

Als viele Jahrhunderte später Kolumbus zu seiner abenteuerlichen Reise aufbrach, war er dazu veranlaßt durch die einigen Gelehrten seiner Zeit bekannt gewesene antike Lehre von der Kugelgestalt der Erde — und das Zeitalter der Entdeckungsreisen hat dann ja endgültig in handfesten Beweisen die Kugelgestalt der Erde zur Gewißheit gemacht.

Aber nach der abenteuerlichen Reise des Kolumbus, zu der er 1492 aufgebrochen war, sollte noch etwas mehr als ein Jahrhundert vergehen, bevor eine gründliche wissenschaftliche Untersuchung des Mondes eingeleitet werden konnte. Sie wurde dadurch möglich, daß der große Forscher Galilei 1609 gerüchtweise von der in Holland gemachten Erfindung eines Fernrohrs hörte. Er dachte darüber nach, um was es sich handeln könnte; und er war nicht nur imstande, dann bald selber Fernrohre zu bauen, sondern er begann auch die Nutzbarmachung dieser neuen Erfindung für die astronomische Forschung. Unter seinen vielen Beiträgen zu den neuen astronomischen Entdeckungen, die nach Erfindung des Fernrohres möglich wurden, ist die Entdeckung der Mondkrater eine der merkwürdigsten. Wir werden uns noch davon zu unterhalten haben, daß es sich dabei auch um eine recht rätselhafte Erscheinung handelt, deren Erklärung seit fast hundert Jahren einen bis heute nicht ganz beendeten Streit der Spezialisten ergeben hat.

Die Untersuchung des Mondes mit fortschreitend verbesserten Fernrohren war im vorigen Jahrhundert zu einem gewissen Höhepunkt gekommen. Die Zahl der im Fernrohr erkennbaren Mondkrater, die man nicht nur gezählt, sondern auch vermessen und in sorgfältigen kartographischen Aufnahmen festgehalten hat, ist auf über 30 000 angestiegen. Jedoch war man im vorigen Jahrhundert bereits zu einer gewissen Abrundung dessen gekommen, was man dem Monde durch Fernrohrbeobachtung abgewinnen konnte. Deshalb hatte sich zeitweise die Aufmerksamkeit der Astronomen vom Monde wieder abgewandt: Andere Aufgaben astronomischer Forschung lieferten so viele reizvolle Beschäftigung, daß unser nächster Nachbar im Weltraum für eine Reihe von Jahrzehnten weniger Beachtung fand, während die mannigfachen Probleme der Fixsterne, der Milchstraße mit ihren 100 Milliarden Sonnen sowie des Weltalls im Großen, mit der riesigen Fülle seiner verschiedenen Milchstraßen, in erster Linie die astronomische Forschung fesselten.

Erst seitdem in der Zeit nach dem Zweiten Weltkrieg die Entwicklung der Raketentechnik Hoffnungen entstehen ließ, man würde in absehbarer Zeit den Rätselfragen des Mondes noch mit ganz anderen Mitteln nachforschen können als mit der Fernrohrbeobachtung, kam es zu einer Neubelebung der Mondforschung — tatsächlich ist in den letzten Jahrzehnten auch der Fernrohrbeobachtung des Mondes sehr viel mehr Arbeit gewidmet worden als im ganzen vorigen Jahrhundert zusammengenommen.

Dabei ist eine schon früher bekannt gewesene Tatsache in sehr verschärfter Form bestätigt worden: Der Mond hat keine Lufthülle. Man erkennt das daran, daß ein am Monde vorbeistreichender Lichtstrahl, der uns etwa das Bild eines dem Mondrand nahestehenden Sternes zeigt, keine Ablenkung durch den Mond erfährt — solche Ablenkung müßte es geben, wenn eine Lufthülle des Mondes vorhanden wäre. Man kann auch von physikalischen Gesetzen aus gut verstehen, warum der Mond keine Lufthülle haben kann: Seine Masse ist — im Gegensatz zu derjenigen der Erde — zu klein, um eine Lufthülle festzuhalten. Würde man ein luftgefülltes Gefäß auf dem Monde öffnen, so würde die Luft nicht nur aus dem Gefäß ausströmen, sondern sie würde auch vom Monde nicht festgehalten werden können, sondern sich in den Weltraum hinaus verlieren. Noch viel schärfer als die optischen Beobachtungen erlauben die modernen Radarmethoden der astronomischen Forschung den Nachweis, daß nur ganz winzige Spuren einer Mondatmosphäre vorhanden sind; der Luftdruck auf dem Monde ist nicht nur millionenmal kleiner als hier auf unserer Erde; sondern die Luftdichte auf der Mondoberfläche muß sogar so gering sein, daß die Luftdichte auf der Erdoberfläche ihr gegenüber zehnmillionenmalmillionenmal größer ist.

Diese Tatsache eines fast völligen Fehlens von Luft auf dem Monde hat aber einschneidende Folgen. Es gibt dort auch keinen Wind, keinen Regen, keine Flüsse, keine Verwitterung. Das heißt also, es fehlen diejenigen Kräfte und Wirkungen, die auf unserer Erde seit Jahrmillionen eine ständige Umgestaltung aller Landschaften durchgeführt haben. Gebirge, wie etwa die Alpen, werden im Laufe einiger Jahrhunderte nur sehr wenig durch die Verwitterung angegriffen; aber in einer Million von Jahren erleiden sie tief eingreifende Umwandlungen. Dagegen sind die Gebirge auf dem Mond seit langer Zeit nur sehr geringfügigen Veränderungen ausgesetzt gewesen: Aufgrund der Abwesenheit von Verwitterung sind die dortigen Oberflächenformen seit mehreren Milliarden von Jahren weitgehend unverändert geblieben. Sie sind daher gewissermaßen ein Museum, eine Urkundensammlung aus weit zurückliegender Vergangenheit unseres Planetensystems. Für die Geschichte des Planetensystems, insbesondere für die Geschichte der Erde, können wir aus der Erforschung des Mondes Aufschlüsse gewinnen, die auf der Erde nicht zu bekommen sind.

Die Geschichte unserer Erde ist ja seit langem durch die Forschungsarbeit der Geologen schrittweise aufgehellt worden. Aber bis in moderne Zeit herein war die Aufklärung der Erdgeschichte durch die Geologen beschränkt geblieben auf die letzten 500 Millionen Jahre — und das ist nur ein kleiner Teil, restlicher Anteil, so könnte man sagen, der gesamten Erdgeschichte. Denn die älteren Methoden der Geologen zur Erkennung und zur zeitlichen Ordnung geologischer Schichten beruhten ganz auf der Untersuchung der in diesen Schichten enthaltenen Versteinerungen organischen Lebens; und in sehr frühen Zeitabschnitten der Erdgeschichte war das organische Leben noch gar nicht so weit entwickelt, daß es reiche Mengen erhaltungsfähiger Versteinerungen hinterlassen konnte. Erst vor etwa 500 Millionen Jahren bevölkerten sich die Ozeane der Erde weithin mit Tieren und Pflanzen, die zu reichlicher Erzeugung haltbarer Versteinerungen geeignet waren; und daher umfaßt die von der älteren Schule der Geologen erforschte und aufgeschriebene Erdgeschichte nur 500 bis höchstens 600 Millionen Jahre. Erst die Ausnutzung von Ergebnissen der Atomkernphysik — insbesondere die Radioaktivität betreffend — hat es inzwischen ermöglicht, auch in noch wesentlich älteren Gesteinsschichten die zeitliche Ordnung ihrer Bildungsvorgänge zu ermitteln, wobei an manchen Orten auch sehr alte Spuren organischen Lebens gefunden sind — deren Entstehung in Ausnahmefällen bis etwa drei Milliarden Jahre zurückliegt. Aber der Mond zeigt uns in seinen Gebirgsformen die Spuren von Vorgängen, die sich vor vier bis fünf Milliarden Jahren abgespielt haben.

Es ist bezeichnend für die Schwierigkeiten, die sich einer Enträtselung der Oberflächenformen des Mondes entgegenstellen, daß eine der wichtigsten Fragen der Mondforschung seit fast hundert Jahren unter den Spezialisten scharf umstritten ist — wobei sich bis heute noch immer keine volle Einigung ergeben hat. Es handelt sich um die Entstehungsursache der berühmten Mondkrater. Das Wort »Mond-Krater« drückt ja aus, daß diese Erscheinung zunächst als etwas den Vulkanen der Erde Ähnliches gedeutet worden ist; aber seit nahezu hundert Jahren haben gründliche Kenner des Mondes behauptet, daß dieser Vergleich ganz abwegig sei. Der Deutung der Mondkrater als vulkanische Erscheinungen ist eine andere Deutung gegenübergestellt, die ich jetzt kurz als die Einsturztheorie bezeichnen will. Nach ihr ist jeder der größeren Mondkrater dadurch entstanden, daß ein großer meteoritischer Körper auf die Mondoberfläche aufgeprallt und nach dem Aufprallen und nach einem gewissen Eindringen dann unterhalb der Mondoberfläche durch die gewaltige Hitzeentwicklung explosiv in eine Gasmasse umgewandelt ist. In diesem Sinne sollen also die größeren Krater zwar durch Explosionen entstanden sein, aber keineswegs durch Ausbrüche vulkanischer Art.

Nach eingehender Beschäftigung mit der Literatur der Mondforschung bin ich überzeugt, daß diese Einsturztheorie der Mondkrater durch die Gesamtheit älterer und neuer Ergebnisse der astronomischen Erforschung des Mondes als richtig erwiesen worden ist, wobei allerdings hinzuzufügen ist, daß es andererseits auch wirklichen Vulkanismus auf dem Monde gibt, der aber nur für sehr kleine Krater verantwortlich gemacht werden kann.

Ähnliche Überzeugungen werden seit Jahrzehnten von verschiedenen führenden Mondforschern vertreten; aber es ist festzustellen, daß auch heute noch manche Spezialisten geneigt sind, sämtliche Mondkrater als Vulkane zu deuten: Die Spezialisten sind sich bis heute noch immer nicht einig geworden über diese seit fast einem Jahrhundert umstrittene Frage.

Man erkennt an diesem Beispiel, daß der Mond uns wirklich noch ungelöste Rätsel aufgibt, und zwar sogar in großer Fülle, denn das erwähnte Beispiel ist keineswegs das einzige. Daß diese Frage bis heute ungeklärt und umstritten bleiben konnte, zeigt uns deutlich, daß die früheren Methoden astronomischer Beobachtung nicht ausreichend waren, zuverlässige, von allen Spezialisten anerkannte Auskünfte zu erreichen über manche der scheinbar einfachsten Fragen, welche der Mondforschung gestellt sind.

In der Tat hat vor etwa zwei Jahrzehnten ein amerikanischer Mondforscher ausgesprochen, die berühmte Streitfrage nach der

Entstehung der Mondkrater würde wohl erst dann lösbar werden, wenn menschliche Landungen auf dem Mond technisch verwirklicht werden können. Das bedeutet nun allerdings nicht etwa, daß bei den inzwischen erfolgten Mondlandungen schon die endgültig überzeugende Antwort auf die Frage der Entstehungsweise der Mondkrater zu finden gewesen wäre. Dazu ist diese Frage doch zu kompliziert. Wie schwierig ihre abschließende Entscheidung ist, kann uns verdeutlicht werden durch ein anderes Problem, bei welchem es sich nicht um den Mond handelt, sondern um unsere eigene Erde. Es gibt auf der Erde verschiedene Beispiele von Erscheinungen, die den Mondkratern sehr ähnlich sind. Mehrere Dutzend solcher Fälle sind der modernen Wissenschaft bekannt, und ein Beispiel davon liegt bei uns in Deutschland: Es ist das bekannte Nördlinger Ries. Daß dieses Nördlinger Ries tatsächlich im Sinne der Einsturztheorie verstanden werden muß und nicht etwa ein Vulkankrater ist, wurde durch moderne Untersuchungsergebnisse überzeugend erwiesen. Aber auch in diesem Fall sind die damit beschäftigten Spezialisten durch lange Zeit außerstande gewesen, sich zu einigen. Noch bis in die Gegenwart haben vereinzelte Urteile behauptet, daß das Nördlinger Ries durch einen vulkanischen Ausbruch entstanden sei. Obwohl man also keineswegs die Technik der Mondlandungen nötig hatte, um das Nördlinger Ries unmittelbar ausführlichst zu untersuchen, so waren doch sehr umfangreiche, mit modernsten Methoden arbeitende Untersuchungen nötig, um für dieses Beispiel die Entscheidung zwischen Vulkankrater oder Einsturznarbe zu erreichen. Ich möchte erwähnen, daß der Einsturz eines großen Meteoriten, welcher das Nördlinger Ries erzeugte, vor 14,6 Millionen Jahren erfolgt ist.

Sicherlich wird die technische Ermöglichung von Mondlandungen in absehbarer Zeit auch die Reste noch vorhandener Uneinigkeit über die Bedeutung der großen Mondkrater beseitigen können; aber dazu werden noch häufige Wiederholungen der Landungen nötig sein.

Darf ich aber betonen, daß mit der Deutung vieler Mondkrater als meteoritischer Einsturznarben nicht etwa behauptet werden soll, daß auf dem Mond überhaupt keine Vulkane vorhanden wären. Im Gegenteil: Eine beträchtliche Zahl von Kratern muß unbedingt als Vulkane anerkannt werden; denn diese anderen Krater, die ich jetzt meine, liegen in ganzen Ketten zusammen — diese kettenförmige Anordnung, oft an Spalten oder Rissen der Mondoberfläche entlang, ist ein klarer Beweis für ihre vulkanische, aus tieferen Schichten des Mondkörpers heraus bedingte Verursachung: Durch einen Aufprall meteoritischer Körper könnte eine solche Anordnung dieser Krater nicht entstanden sein. Auch gibt es weitere Einzelheiten der Beobachtungstatsachen, die das Vorkommen von vulkanischen Ausbrüchen beweisen. Als gemeinsames Merkmal dieser wirklichen Vulkane auf dem Monde ist aber festzustellen: Erstens handelt es sich durchwegs um sehr kleine Krater — die größeren oder gar sehr großen Krater hingegen gehören niemals zur Klasse derjenigen, die mit Sicherheit als vulkanisch anerkannt werden müssen. Zweitens sind die fraglichen Vulkanausbrüche stets nur Gas-Ausbrüche — mit denen ausdrücklich keine Lava-Ergießungen verbunden sind. Mit diesen zwei Bemerkungen habe ich nun freilich zwei sehr bestimmte, entschiedene Behauptungen ausgesprochen; und da ich vorher erwähnt habe, daß das ganze Thema der Mondkrater sogar heute noch unter den Spezialisten höchst umstritten ist, so ist klar, daß ich für die beiden soeben ausgesprochenen Behauptungen selber die wissenschaftliche Verantwortung übernehmen muß, mich also nicht auf Urteile anderer Verfasser berufen kann. Ich kann nur sagen, daß ich diese Behauptungen ausgesprochen habe mit dem guten Gewissen wissenschaftlicher Überzeugung, die mir aus eingehender Beschäftigung mit den vorhandenen Unterlagen entstanden ist.

Neben den Kratern sind die sogenannten Mare des Mondes eine seiner auffälligsten Erscheinungen. In gewissem Sinne sind sie mit den Kratern verwandt: Jedenfalls könnten die kleinsten Beispiele von Maren auch als Beispiele übermäßig großer Krater betrachtet werden; und für diese Beispiele wird auch ihre Deutung im Sinne der Einsturztheorie von verschiedenen hervorragenden

Sachkennern vertreten. Im übrigen freilich sind diese Mare erst recht zum Gegenstand vieler Urteilsverschiedenheiten unter den Zuständigen geworden. Einigkeit hat sich immerhin angebahnt in der Anerkennung, daß die großen, ausgedehnten Flächen der Mare aus erstarrter Lava bestehen — vereinzelt haben sich darin noch jüngere, später gebildete Krater eingefügt. Durch die Mondlandungen ist glücklicherweise eine sehr pessimistische Theorie widerlegt worden, welche zeitweise Anhänger gefunden hatte. Danach sollten die Böden der Mare ungeheure Staubmeere sein, deren vielleicht mehrere Kilometer betragende Tiefe ein dort landendes Raumschiff mit rettungslosem Versinken bedrohen würde. Aber die Erfahrungen der auf dem Monde gelandeten Astronauten haben diese Befürchtung widerlegt: Zwar zeigen die Fußabdrücke, die von den Astronauten hinterlassen sind, daß der Mond vielerorts mit Staub bedeckt ist, aber zum Glück nicht kilometertief, sondern nur einige Zentimeter tief.

Auffällig ist das häufige Auftreten flacher sogenannter »Kuppeln« an vielen Orten in den Maren. Man hat diese Kuppeln als einen Beweis für vulkanische Tätigkeit im Untergrunde hinstellen wollen — gewissermaßen eine Vulkantätigkeit, die nicht bis zur Oberfläche durchgedrungen ist, sondern lediglich zu Aufwölbungen der Oberfläche führte. Jedoch hat der amerikanische Physiker Gold eine ganz andere Deutung vorgeschlagen. Man weiß aus Radar-Untersuchungen am Mond, daß es unter der Mondoberfläche eine Schicht des Dauerfrostes gibt, deren Temperatur ständig unter dem Gefrierpunkt bleibt, einerlei, ob darüber an der Oberfläche die Weltraumkälte der Mondnacht herrscht, oder die glühende Hitze des Sonnenscheins. Ebenso wie bei irdischen Gesteinen dürfte es im tieferen Mondgestein auf Grund langsam verlaufender chemischer Vorgänge eine allmähliche Freisetzung von Wasser geben, welches dann langsam aufwärts steigt. In der Zone des Dauerfrostes wird dieses Wasser aber zu Eis werden, und die erwähnten Kuppeln sind wahrscheinlich Anzeichen für das Vorhandensein von Eismengen, die sich unterhalb der Oberfläche im Laufe langer Zeit gesammelt haben. Neueste Entdeckungen, von denen auch die Tageszeitungen berichtet haben, scheinen dies zu bestätigen — jedenfalls gibt es auf dem Monde stellenweise ausfließendes oder ausspritzendes Wasser, das für künftige Mondfahrer hohe praktische Bedeutung gewinnen könnte, wenngleich es bis jetzt noch ungenutzt in den Weltraum verdampft.

Aufschlußreich für die Natur der Mare ist eine Tatsache, die sich ergeben hat, seitdem zunächst die Russen, später auch die Amerikaner Aufnahmen von der Rückseite des Mondes gemacht haben — diese Rückseite bleibt ja unserer Beobachtung von der Erde her ständig verborgen, da der Mond der Erde stets die gleiche Seite zeigt. Es hat sich ergeben, daß zwar die vielen Krater des Mondes auf seiner Rückseite grundsätzlich dieselben Verhältnisse zeigen, wie auf der Vorderseite; daß hingegen die Mare ausgeprägt unsymmetrisch über die Mondoberfläche verteilt sind: Auf der Rückseite sind fast keine Mare vorhanden. Diese Unsymmetrie spricht dafür, daß tatsächlich auch die Mare im Sinne der Einsturztheorie gedeutet werden müssen.

Neben Kratern einerseits und Maren andererseits sind zahlreiche Risse und Spalten eine auffällige Erscheinung der Mondoberfläche. Auch für ihre Erklärung sind von den Spezialisten recht verschiedene Vorstellungen erwogen worden. Meine eigene Meinung, die ich nicht verschweigen will, geht dahin, daß diese auffällige Erscheinung der Mondoberfläche grundsätzlich ähnlich zu verstehen ist, wie die sogenannten Grabenbrüche auf der Erdoberfläche. Was ein Grabenbruch ist, kann am Beispiel der Oberrheinischen Tiefebene gezeigt werden: Hier sind die Gebirgskämme auf beiden Seiten der Ebene in einem sehr langsamen Vorgang auseinander gewichen, so daß ein langes Tal zwischen ihnen entstand.

Erst neuerdings, in den letzten Jahren, haben amerikanische Ozeanographen entdeckt, daß derartige Grabenbrüche eine sehr grundsätzliche Bedeutung für die Gestaltung der Erdoberfläche haben: Es gibt ein ganzes zusammenhängendes System von erdumfassenden Grabenbrüchen, zum Teil auf den Kontinenten, zum Teil im Boden der Tiefsee. Auch die Oberrheinische Tiefebene ist übrigens diesem System einzuordnen. Andererseits hat das System dieser erdumspannenden Grabenbrüche zu tun mit dem vor mehreren Jahrzehnten von Alfred Wegener vertretenen kühnen Gedanken, daß Südamerika und Afrika in geologisch älterer Zeit zusammengelegen haben, und daß erst nachträglich eine Trennung dieser beiden Kontinente eingetreten ist, wodurch sich der südliche Teil des Atlantischen Ozeans zwischen ihnen ausbildete. Diese Wegenersche Theorie ist rund vierzig Jahre lang von vielen Spezialisten heftig abgelehnt und bekämpft worden; erst in sehr modernen Untersuchungen sind so klare Beweise für ihre Richtigkeit zustande gekommen, daß es heute kaum noch Zweifel an der Richtigkeit der Wegenerschen Theorie gibt. Danach muß aber der weit zurückliegende Beginn einer Aufteilung des ursprünglich einheitlichen Kontinents Afrika—Südamerika so vorgestellt werden, daß sich zunächst ein Grabenbruch auf dem ursprünglichen Kontinent ausbildete, der sich in fortschreitender Verbreiterung zu einem Ozean erweiterte.

Die Vermutung, daß die zahlreichen Rillen und Spalten auf dem Mond ebenfalls die Bedeutung von Grabenbrüchen haben — abweichend von manchen älteren Erklärungsversuchen — ist geeignet, die Gewißheit zu bestärken, daß die gründliche Erforschung des Mondes uns mittelbar auch zum tieferen Verständnis von Erscheinungen auf unserer Erde helfen wird. Denn das Nachdenken über die Wegenersche Theorie der sogenannten »Kontinentalverschiebungen« ist noch keineswegs beendet. Nachdem nach vierzig Jahren endlich die Richtigkeit der Wegenerschen Theorie weithin Anerkennung gefunden hat, sind weitere, daran anknüpfende Überlegungen entstanden, die wiederum unter den Spezialisten noch sehr umstritten sind.

Für die Raumfahrt ist aber durch die Erzielung von Mondlandungen bestimmt noch nicht die Grenze des technisch Möglichen erreicht — sondern es ist ein Anfang, ein Durchbruch zu neuen technisch-wissenschaftlichen Menschheitsabenteuern gemacht. Die beiden der Erde nächsten anderen Planeten, Venus und Mars, sind bekanntlich inzwischen wiederholt wenigstens mit unbemannten Raketen aufgesucht worden, welche dort mit automatisch arbeitenden Meßgeräten ihre Untersuchungen durchgeführt und die Ergebnisse zur Erde gefunkt haben. Noch weiter ausgreifende Unternehmungen sind für die Zukunft zu erwarten und in gewissem Maße schon geplant oder vorbereitet.

Es gibt auch unter hervorragenden Fachleuten der Raketentechnik und Raumfahrt Optimisten, welche gern dem Gedanken nachgehen, daß in späteren Generationen die Raumfahrt noch ganz grundsätzliche Erweiterungen erfahren würde, derart, daß es geradezu möglich werden könnte, bemannte Raumfahrten zu starten, die sich aus dem Bereich unseres eigenen Planetensystems entfernen und vielleicht Planetensysteme anderer Sonnen, anderer Fixsterne erreichen. Diesen Erwartungen gegenüber will ich meine Skepsis nicht verschweigen. Soweit mir Gedankengänge bekannt geworden sind, die darauf abzielten, technische Zukunftsmöglichkeiten dieser Art als realistisch zu erweisen, enthielten sie Überlegungsfehler, nach deren Richtigstellung von der Beweisführung nichts übrig blieb. So ist es mir wahrscheinlich geworden, daß auch für spätere Zukunft die menschliche Raumfahrt begrenzt bleiben wird auf den Raum unseres eigenen Planetensystems. In gewisser Weise ist das ein sehr kleiner Raum — klein jedenfalls im Vergleich zum gewaltigen Sternsystem der Milchstraße.

Das Sternsystem Milchstraße — zu dem ja unsere eigene Sonne gehört — enthält rund 100 Milliarden leuchtender Sonnen; ob unter diesen auch viele solche sind, die ihr eigenes Planetensystem haben, welches dem unsrigen mehr oder weniger ähnlich sein könnte, ist freilich eine Frage, zu der uns die heutige Astronomie noch wenig Sicheres sagen kann. Aber über die Größe des Sternsystems »Milchstraße« kann die Astronomie recht bestimmte Aussagen machen. Wollen wir uns einmal vorstellen, daß wir ein ganz stark verkleinertes Modell der Milchstraße aufbauen könnten — so stark verkleinert, daß jedes Lichtjahr der Milchstraße (mit dieser Längeneinheit Lichtjahr $= 10\,000\,000\,000\,000$ km rechnen die Astronomen ja gern) im Modell durch ein Meter vertreten wäre. Dann würde das ungefähr linsenförmige Modell der Milchstraße einen Durchmesser von immerhin 100 km haben. Aber unser Planetensystem — mit dem Pluto als dem der Sonne fernsten Planeten, den wir kennen — hätte einen Durchmesser von weniger als einem Millimeter!

Dieser Vergleich kann uns fühlbar machen, wie klein wir Menschen in Wahrheit sind. Denn die im Vergleich zur Milchstraße so winzige Größe des Planetensystems ist immer noch gewaltig im Vergleich zum Abstand Erde—Mond; und der Raum des Planetensystems ist riesig als Aufgabe der technischen Bewältigung durch die Raumfahrt der Zukunftsmenschheit. Wir wollen uns jetzt noch etwas umsehen in diesem unserem Planetensystem.

Da sind zunächst die vier inneren Planeten — in der Reihenfolge von innen nach außen: Merkur, Venus, Erde, Mars. Merkur ist der kleinste von allen — er übertrifft an Größe nur wenig den Mond unserer Erde. Venus hingegen hat ungefähr gleiche Größe wie unsere Erde, und besitzt infolgedessen auch eine Lufthülle, von der wir durch Raketenmessungen wissen, daß sie sehr heiß ist — mit einer Bodentemperatur von mehreren hundert Grad Celsius ist der Planet Venus für menschliche Landungen nicht einladend, obwohl er gegen die Hitze des unmittelbaren Sonnenlichtes abgeschirmt ist durch eine stets geschlossene Wolkenhülle. Auf dem Merkur übrigens haben wir extreme Temperatur-Gegensätze: Weltraumkälte auf der Nachtseite; und auf der Tagesseite eine so hohe Temperatur, daß etwaiges dort vorhandene Blei flüssig sein müßte.

Der Mars ist wiederum kleiner als die Erde; aber immerhin groß und schwer genug, eine Lufthülle festzuhalten. Man hat Gründe gefunden, zu vermuten, daß es auf dem Mars Spuren von organischem Leben geben könnte — allerdings nur in niedrigster Form, vielleicht als Bodenbakterien, oder als Lebensformen, die den Flechten-Gewächsen der Erde ähnlich sein könnten. Aber trotz der Verdachtsgründe, die für ein gewisses Vorhandensein niedrigen organischen Lebens sprechen, ist doch die Berechtigung dieses Verdachtes neuerdings zweifelhaft geworden, seitdem man weiß, daß die Lufthülle des Mars keinen Sauerstoff besitzt. Also müßte etwaiges dortiges organisches Leben auf ganz anderen chemischen Grundlagen beruhen, als dasjenige der Erde.

Unbemannte Raketen, die zum Mars geschickt wurden, haben Photoaufnahmen geliefert, nach welchen auch dort eine beträchtliche Anzahl von Gebilden zu finden ist, die wie Mondkrater aussehen. Das kann als eine Bekräftigung der Einsturztheorie der Mondkrater angesehen werden, denn in der Nähe des Mars sind zweifellos recht viele kleinere Himmelskörper vorhanden, deren gelegentlicher Absturz auf den Mars dort solche Krater erzeugen könnte. Zwischen den Planeten Mars und Jupiter gibt es nämlich, wie man schon seit dem vorigen Jahrhundert weiß, eine große Anzahl sogenannter Planetoiden, Kleinstplaneten. Mehr als 2000 davon sind den Astronomen bekannt geworden, und es besteht die Vermutung, daß es sich um Trümmerstücke zweier ehemaliger Planeten handelt, die vor vielen Jahrmillionen einmal zusammengestoßen sind.

Mit Jupiter, dem größten Planeten unseres Systems, beginnt die Reihe der großen Planeten Jupiter, Saturn, Uranus, Neptun. Sie alle haben erheblich größere Durchmesser, als die kleinen inneren Planeten; sie haben aber andererseits erheblich geringere Massendichte. Wahrscheinlich sind sie so zu verstehen, daß sie nur verhältnismäßig kleine innere Kerne aus Gestein und Metallen enthalten, aber umhüllt sind von riesigen atmosphärischen Schichten, die vorwiegend aus Wasserstoff oder den Wasserstoff-Verbindungen Methan, Ammoniak und Wasser bestehen. Jedenfalls sind gewaltige Wolkenmassen auf ihnen zu erkennen.

Diese großen Planeten besitzen auch zugehörige Monde — einige Monde des Jupiter wurden seinerzeit schon von Galilei entdeckt, als er das Zeitalter der Fernrohr-Astronomie begründete. Manche der Monde des Jupiter und des Saturn sind ihrerseits schon schwer genug, eine eigene Lufthülle festzuhalten.

Dagegen hat der Planet Mars zwei besonders kleine Monde, über deren Natur man noch wenig weiß. Ein sowjetischer Astronom hat vor einigen Jahren die Behauptung vertreten, diese beiden Monde müßten technische Erzeugnisse einer vergangenen

Hochkultur sein, die es einmal auf dem Mars gegeben habe — aber die Beweisführung für diese seltsame Behauptung hat mir nicht ganz eingeleuchtet.

Vor der Erfindung des Fernrohrs sind nur die Planeten bis einschließlich Saturn bekanntgewesen; Uranus und Neptun konnten erst später entdeckt werden. Auch hat man erst nach Begründung der Fernrohr-Astronomie das eigentümliche Ringsystem um den Saturn erkennen können, das lange Zeit sehr geheimnisvoll schien. Man hat jedoch später die Aufklärung gefunden, daß diese Ringe aus einer großen Zahl von kleinen Gesteinsbrocken bestehen, deren Kreisbahnen um den Saturn innerhalb einer sehr dünnen Scheibe liegen: Die Entstehung dieses merkwürdigen Gebildes hat man sich so vorzustellen, daß der Saturn früher außer seinen jetzigen Monden noch einen weiteren hatte, der jedoch auf eine sehr enge Umlaufbahn um den Saturn geriet und dort aus physikalisch und mathematisch durchaus verstehbaren Gründen in eine riesige Zahl kleiner Bruchstücke zerbröckeln mußte.

Nochmals außerhalb der Neptunbahn, die lange Zeit als die äußerste in unserem Planetensystem galt, hat man 1930 noch einen weiteren Planeten entdeckt, den Pluto. Er ist viel kleiner, als die großen Planeten Jupiter bis Neptun — ungefähr hat er die Größe der Erde und der Venus. Obwohl man wegen seiner großen Entfernung bislang nicht viel über ihn erfahren konnte — von dort aus gesehen ist die Sonne nicht heller, als für uns die Venus, der Abendstern — so hat man doch Gründe für den Verdacht, daß dieser äußerste Planet vielleicht ein ehemaliger Mond des Neptun sein könnte, der diesem einmal gewissermaßen verlorengegangen ist.

Nach menschlichen Maßstäben umfaßt also das Planetensystem ein riesiges Raumgebiet — trotz seiner winzigen Kleinheit gegenüber der gewaltigen Milchstraße — und es wird dem Unternehmungsgeist künftiger Generationen der Menschheit fast unerschöpfliche Gelegenheiten kühner Betätigung geben. Trotzdem verdient die Frage ernste Prüfung, ob die seit kurzem begonnene Raumfahrt, die schon jetzt so ungeheure Anstrengungen und somit auch ungeheure Kosten verursacht hat, wirklich der Menschheit Ergebnisse einbringen wird, auf Grund deren man diese Anstrengungen als gerechtfertigt und als weise angelegt bezeichnen kann? Hierzu sind mancherlei Zweifel geäußert worden, und wir wollen diese Zweifel nicht einfach als unbeachtlich beiseite wischen — wir wollen ihnen wenigstens in kurzer Betrachtung auf den Grund zu gehen versuchen.

Es gibt einerseits Zweifel, die man als gefühlsmäßige Zweifel bezeichnen könnte: Manche Kritiker, und zu ihnen gehörten in einigen Fällen bedeutende Persönlichkeiten wie beispielsweise mein verewigter Lehrer Max Born, neigen zu dem Urteil, daß der Mensch, indem er den Erdball verläßt und Abenteuern im Weltall entgegengeht, allzu weit die Bahn der ihm gesetzten Aufgaben verläßt, so daß man nur eine ungünstige, vielleicht sogar unheilvolle Auswirkung davon erwarten könnte. Besorgnisse dieser Art haben auf manche nachdenklichen Menschen starken Eindruck gemacht. Dennoch ist kaum anzunehmen, daß sie auf die realen Entscheidungen zur Förderung oder zur Bremsung der Raumfahrtbestrebungen erheblichen Einfluß ausüben werden. Ob und wie nachdrücklich einerseits die Amerikaner, andererseits die Sowjets ihre Raumfahrtbestrebungen fortsetzen werden, wird sicherlich in der Hauptsache davon abhängen, ob die Raumfahrt in absehbarer Zukunft der technischen Gesamtentwicklung der Menschheit gewichtige Vorteile und Antriebe bringen kann oder nicht — gewichtig genug, um den erforderlichen Aufwand an Anstrengungen oder Kosten als lohnend erscheinen zu lassen. Es ist meine Überzeugung, daß man diese Frage bejahen muß.

Da die moderne Technik trotz aller Vielfalt ihrer Betätigungen doch eine große Einheit bildet — jeder in irgendeinem Sondergebiet der Technik erzielte Fortschritt wirkt sich anschließend auch in vielen anderen Teilgebieten aus —, so ergibt die Verwirklichung und Weiterentwicklung der Raumfahrttechnik zahlreiche neue Ergebnisse, die auch in den auf unsere Erde eingeschränkten technischen Bestrebungen zu nützlichen Anwendungen geeignet sind. Schon auf diese Weise wird ein Teil des in Raumfahrt-Unternehmungen investierten Kapitals wieder hereingebracht durch anderweitige daraus entstandene technische Fortschritte. Allein die Nachrichten-Satelliten und die Wetter-Satelliten, unmittelbare Nebenergebnisse der Raumfahrttechnik, ergeben erheblichen unbezweifelbaren Nutzen.

Anschließend an das Thema der Wettersatelliten ist aber noch wesentlich mehr zu sagen: Schon längst haben sich Photoaufnahmen vom Flugzeug aus als wertvolle, für moderne Ansprüche schon nicht mehr zu entbehrende Ergänzungen geographischer und geologischer Forschung erwiesen — die Methoden der Luftbildauswertung (vgl. H. G. Gierloff-Emden und H. Schroeder-Lanz, Luftbildauswertung, Mannheim 1971) sind ein fester Bestandteil moderner Arbeit in zahlreichen Wissenschaftsgebieten und praktischen Aufgaben geworden, deren Dringlichkeit durch die Tatsache beleuchtet wird, daß bis heute weniger als 10 bis 15% der Landgebiete der Erde kartographisch mindestens im Maßstab 1 : 100 000 erfaßt sind. Darüber hinaus haben in den letzten Jahren die von Raketen aus aufgenommenen Bilder der Erde unsere Informationsmöglichkeiten in Geographie, Meteorologie und Geologie in ungeahnter Weise bereichert. Vertiefung in das großartige, 1969 in München erschienene Buch von Bodechtel und Gierloff-Emden über »Weltraumbilder der Erde« wird jeden Unvoreingenommenen überzeugen, daß die zahlreichen so unerhört aufschlußreichen Bilder, die in den letzten Jahren entstanden sind auf Grund der Raketentechnik, uns für das Kennenlernen unserer eigenen Erde von unüberbietbarem Werte sind. Gerade dann, wenn man den Bestrebungen der Raumfahrt die oft gehörte Einwendung entgegenhält, daß wir auf der Erde noch genug zu tun haben, muß man ja folgerichtigerweise mindestens das genauere Kennenlernen unserer Erde als eine positive Dringlichkeit ansehen. Dieses Kennenlernen unserer Erde wird aber durch die Satelliten-Aufnahmen in außerordentlichem Maße gefördert.

Diese Feststellungen beschränken sich aber nicht auf den Rahmen der Technik, sondern gelten auch für den medizinischen Bereich: Ebenso, wie es seit langer Zeit eine Luftfahrt-Medizin gibt, welche sich mit den besonderen medizinischen Problemen beschäftigt, die aus der Beanspruchung von Menschen durch die Flugtechnik entstehen, so ist auch eine Raumfahrt-Medizin entstanden, welche die Reaktionen von Weltraumfahrern auf die Besonderheiten ihrer Aufgaben untersucht und diesen Weltraumfahrern medizinische Hilfen für ihre Aufgaben und ihre gesundheitlichen Strapazierungen gibt. Der in der früheren Luftfahrtmedizin bewährte deutsche Forscher Strughold ist später in den USA zum Begründer und Organisator dieser Raumfahrtmedizin geworden, deren Ergebnisse rückwirkend auch der Allgemeinentwicklung der Medizin zugute kommen.

Vor allem aber muß man bedenken, daß naturwissenschaftliche und technische Forschungsarbeit keineswegs Luxus-Unternehmungen sind, deren Kosten als verschwendet angesehen werden könnten. Die gesamte Geschichte der Naturwissenschaften und der Technik hat immer wieder gelehrt, daß auch dann, wenn wir nur an die praktischen Nutzanwendungen denken wollten, Naturforschung die beste aller Kapitalanlagen ist. Wenn wir deshalb als Einwand gegen die Raumfahrt die oft gehörten Hinweise gelten lassen wollten, daß es auf unserer Erde noch dringliche Aufgaben genug gibt, ohne daß wir unsere Kräfte in den Weltraum zerstreuen müssen, so würde das eine überaus kurzsichtige Beurteilung der Sache sein. Sicherlich wird die Zukunftsmenschheit auch aus rein praktischen Gründen darauf angewiesen sein, unsere eigene Erde noch viel besser zu verstehen und viel gründlicher kennen zu lernen, als es bis heute gelungen ist. Schon vor längerer Zeit hat ein sowjetischer Naturwissenschaftler die Voraussage gemacht, daß die Menschheit in absehbarer Zukunft dazu übergehen müsse, ihre Bergwerke zwecks Gewinnung unentbehrlicher Rohstoffe mindestens zehn- bis fünfzehnmal tiefer in die Erde zu treiben, als es bis heute geschehen ist. Es müßten danach also dem Bergbau der Zukunft sehr viel größere Anstrengungen und Unkosten gewidmet werden als heute; und dann werden sich auch aus praktischer Dringlichkeit heraus sehr viel höhere Ansprüche ergeben an unsere naturwissenschaftlichen Kenntnisse der Erdkruste.

Daß unsere eigene Erde naturwissenschaftlich noch viel eindringlicher und nachhaltiger erforscht werden muß, das wird niemand bezweifeln können, auch dann nicht, wenn ihm der Nutzen der Raumfahrt zunächst noch ungewiß scheint.

Nun kann aber niemand die Tatsache beseitigen, daß unsere Erde ein Teilstück des Planetensystems ist — diese Erkenntnis steht seit Kopernikus fest. Daraus folgt in sachlicher Zwangsläufigkeit, daß der aussichtsreichste Weg zur bestmöglichen, erfolgreichsten Erforschung des Erdkörpers gerade der ist, im breitesten Umfang das Planetensystem zu erforschen: Jede Vertiefung unserer Erkenntnis des Planetensystems ergibt auch neue Hilfen für unser genaueres Verständnis der Erde selbst. So muß eine weitschauende Planung menschlicher Zukunftsmöglichkeiten in der Weiterentwicklung der Raumfahrt und der durch sie ermöglichten umfassenden Planetenforschung geradezu den billigsten Weg sehen, der Zukunftsmenschheit dasjenige Wissen zu verschaffen, das ihr auf dem Planeten Erde unentbehrlich sein wird.

Diesen grundsätzlichen Erwägungen treten andere zur Seite. Können wir hoffen, von anderen, durch Raumfahrt erreichbaren Himmelskörpern in Zukunft auch einmal Rohstoffe zu bekommen, die auf der Erde knapp geworden sind? Natürlich wäre es unvernünftig, bei einer solchen Frage nur an die nächsten zwei bis drei Jahrzehnte zu denken — so schnell geht das sicherlich nicht. Aber in der Literatur der Raumfahrtgedanken ist in durchaus einleuchtenden Überlegungen ausgeführt, daß für eine nicht mehr ferne Zukunft die Rohstoffgewinnung von metallischen Planetoiden — wir hatten ja vorhin von ihnen gesprochen — durchaus denkbar wäre: — Eine höchst überraschende, aber keineswegs nur phantastische Lösung für Zukunftsprobleme der Menschheit, die vielleicht andernfalls unlösbar bleiben müßten.

Aber auch für die wesentlich nähere Zukunft ergeben sich aus der beginnenden Raumfahrt sehr reale Antriebe weiterer Vorwärtsentwicklung der Menschheit. In Amerika hat mir ein bedeutender, aus Deutschland emigrierter Astronom einmal erläutert, daß hinter dem Einsatz der höchsten amerikanischen Regierungsstellen zugunsten der Raumfahrt sehr ernste Überlegungen stehen, welche sich auf die Probleme der Jugenderziehung und der wissenschaftlichen Ausbildung beziehen. Man hat danach bei der Förderung der Raumfahrt das Ziel im Auge, der Jugend Amerikas glaubhaft überzeugend zu machen, daß moderne Naturforschung und moderne Technik große abenteuerliche Unternehmungen sind, und daß es sich lohnt, der naturwissenschaftlichen Ausbildung der jungen Generation große Anstrengungen zu widmen, um die besten, begabtesten Kräfte dieser jungen Generation für Forschung und Raumfahrt zu begeistern.

9. Von der Theorie der Kontinental-Verschiebung zur Theorie der Erdexpansion

Zwischen einem Proton und einem Elektron besteht infolge ihrer entgegengesetzten elektrischen Ladung eine gewisse Anziehungskraft. Das Durchdenken dieser für den Zusammenhalt eines Wasserstoff-Atoms aus seinen zwei Bestandteilen maßgeblichen Anziehungskraft, und zwar unter Berücksichtigung der damals noch so neu gewesenen »Quantentheorie«, führte 1913 Niels Bohr zur Schaffung des ersten Anfangs einer Quantentheorie der Atome.

Aber außerdem ziehen sich ein Proton und ein Elektron auf Grund ihrer Massen ebenfalls an; und diese andere Anziehungskraft hat ja die Eigenschaft, bei einer immer größer werdenden Entfernung zwischen den beiden Teilchen nach dem gleichen, von Newton entdeckten Gesetz abzunehmen, wie andererseits nach dem später entdeckten Coulombschen Gesetz auch die elektrische Anziehung zwischen den beiden Teilchen mit wachsender Entfernung abnimmt.

Das Verhältnis zwischen der elektrischen Anziehung Proton/Elektron einerseits und ihrer Gravitations-Anziehung andererseits hat also stets den gleichen Wert, unabhängig davon, wie weit die beiden Teilchen voneinander entfernt sind. Man kann sogar die weitergehende Aussage machen, daß dieses Verhältnis »dimensionslos« ist, d. h. daß sein Wert ganz unabhängig davon ist, welches System von Maßeinheiten wir für physikalische (und geometrische) Größen gebrauchen.

Der Wert dieses Verhältnisses ist aber erstaunlich groß. Er liegt zwischen 10^{39} und 10^{40}; also in Worten: zwischen den beiden Zahlen, welche als eine 1 mit 39 Nullen und durch eine 1 mit 40 Nullen dahinter gegeben sind. Der berühmte englische Astrophysiker Eddington hat es seinerzeit als eine dringliche Aufgabe empfunden, zu verstehen, warum wohl diese »dimensionslose Naturkonstante« einen so erstaunlich großen Wert hat; und nach langem Nachdenken in geistreichen spekulativen Überlegungen glaubte er, eine Antwort auf diese Frage geben zu können; also verstanden zu haben, daß und in welcher Weise gerade mit diesem riesigen Zahlenwert eine bestimmte mathematische Einfachheit und Schönheit in die tiefsten Naturgesetze herein käme — so daß für den nachdenklichen Betrachter gerade dieser merkwürdige Zahlwert eine auffällige mathematische Bevorzugung gegenüber jedem sonstigen denkmöglichen Zahlwert haben würde. Die großen physikalischen Forscher haben ja immer wieder Bestätigung erlangt für ihre Überzeugung, daß hinter oder in den tiefsten Naturgesetzen irgendwie mathematisch besonders einfache und schöne, auf Grund dieser Schönheit besonders glaubwürdige Gesetzmäßigkeiten zu entdecken seien.

Es ist aber klar, daß Eddington nur auf Grund einer doch schon sehr komplizierten spekulativen Theorie zu der ihm selber überzeugend erscheinenden Beantwortung der gestellten Frage kommen konnte. Denn man kann ganz allgemein behaupten, daß eine einfache mathematische Theorie, wenn sie zur Entdeckung einer dimensionslosen Verhältniszahl führt, stets einen solchen Zahlwert ergibt, der nicht allzuweit von der Zahl Eins entfernt ist. Beispiele dafür sind das Verhältnis der Diagonale eines Quadrates zur Seite des Quadrates: $\sqrt{2}$; oder das Verhältnis der Diagonale eines Würfels zur Kantenlänge dieses Würfels, nämlich $\sqrt{3}$; oder das Verhältnis des Umfangs eines Kreises zu seinem Durchmesser, nämlich $\pi = 3,14 \ldots$ Eine mathematische Konstruktion jedoch, welche als Ergebnis einen Zahlwert von ungefähr 10^{40} liefern soll, muß unbedingt eine sehr komplizierte Konstruktion sein; und die von Eddington vorgetragene Konstruktion, durch die er das oben erläuterte Rätsel aufzulösen suchte, war in der Tat so kompliziert, daß kein anderer Physiker geneigt war, Eddingtons Spekulation als überzeugend zu empfinden.

Sein Landsmann Dirac hat 1937 die Überzeugung ausgesprochen, daß nicht nur der Eddingtonsche Erklärungsversuch für eine dimensionslose Naturkonstante der ungefähren Größe 10^{40} als mißlungen angesehen werden müsse; sondern daß überhaupt jeder Versuch, in einer einfachen mathematischen Konstruktion zu einer Erklärung dieser rätselhaften Zahl zu kommen, grundsätzlich zum Scheitern verurteilt sei. Da andererseits aber Dirac ebensowenig wie Eddington selber geneigt war, zu glauben, in die tiefsten Naturgesetze sei als Zahlwert für das Verhältnis elektrischer und gravitationsbedingter Anziehung zwischen Proton und Elektron eine völlig willkürliche, eine völlig sinnlose Zahl eingesetzt, so empfahl Dirac damals, die Sache im Sinne einer kühnen Hypothese zu betrachten.

Die Physik vermag uns eine grobe, angenäherte Vorstellung davon zu geben, wie groß ein Elektron ist: Ungefähr sollte ein Zentimeter im Verhältnis zum Durchmesser des Elektrons 10^{13} bis 10^{14} betragen. Diese jetzt genannte Verhältniszahl ist natürlich durchaus nicht eine »dimensionslose« Zahl: Wenn wir an Stelle des Zentimeters als grundlegende Längeneinheit ein Zoll benutzen würden, so würde unsere Längeneinheit im Vergleich zum Durchmesser des Elektrons nochmals größer sein um einen Faktor, der eben das Verhältnis des Zolls zum Zentimeter wäre. Aber die sogenannte »Elementarlänge«, deren Größenordnung dem Durchmesser des Elektrons entspricht, spielt auch sonst für die Physik der kleinsten materiellen Gebilde eine bedeutende Rolle — beispielsweise haben diejenigen Anziehungskräfte, welche für den Zusammenhalt von Atomkernen maßgebend sind, eine sogenannte »Reichweite«, die ungefähr der »Elementarlänge« gleich ist. Das heißt, zwei Kernbausteine (Proton oder Neutron), die weniger als eine Elementarlänge voneinander entfernt sind, üben eine starke Wechselwirkungskraft aufeinander aus. Sind sie dagegen mehrere Elementarlängen voneinander entfernt, so zeigen sie fast keinerlei Wechselwirkungskräfte mehr.

Haben wir aber den Begriff der Elementarlänge als wichtig erkannt, so haben wir auch ein Zeitmaß gewonnen, von welchem erwartet werden kann, daß es ein für tiefste Fragen der Physik besonders angemessenes Zeitmaß ist: Wir dividieren die Elementarlänge durch die Lichtgeschwindigkeit $c = 3.10^{10}$ cm/sec. In

Worten gesagt, wir rechnen uns aus, wieviel Zeit das Licht gebraucht, um auf seinem Wege gerade eine Elementarlänge zu durchlaufen. Sinngemäß können wir das Ergebnis dieser kleinen Rechnung als »Elementarzeit« benennen. Wenn wir aber aus den Ergebnissen moderner kosmologischer Forschung die Information entnehmen, daß das Weltall heute ungefähr 10^{10} Jahre alt ist, so können wir diese Aussage auch so ausdrücken, daß das heutige Weltalter ungefähr 10^{40} Elementarzeiten beträgt.

Die von Dirac 1937 ausgesprochene Hypothese lautet nun: Das Verhältnis von elektrischer Anziehung und Gravitations-Anziehung zwischen Proton und Elektron ist gar nicht konstant — mit einem unerklärlichen, sinnlosen Zahlwert —, sondern dieses Verhältnis ändert sich im Laufe der Entwicklung des Kosmos; es ist dem Alter des Kosmos proportional.

Diese Diracsche Hypothese ist von der Mehrzahl der Physiker damals als unerhört kühn und unglaubhaft empfunden worden. Der Verfasser war wohl nahezu der einzige physikalische Zeitgenosse Diracs, der damals bereit war, sich durch Diracs Überlegung überzeugen zu lassen, also die Richtigkeit der Diracschen Hypothese für wahrscheinlicher zu halten, als ihre etwaige Unrichtigkeit.

Man kann die Diracsche Hypothese, um sie hinsichtlich ihrer Formulierung loszulösen von dem Teilchenpaar Proton und Elektron, so ausdrücken, daß man von der sogenannten »Gravitationskonstanten« spricht. Diese Gravitationskonstante wird in den Lehrbüchern der Physik folgendermaßen definiert: Wir nehmen zwei kleine kugelsymmetrische Massen von je ein Gramm. Diese beiden Massenkugeln halten wir so, daß ihre Mittelpunkte die Entfernung von einem Zentimeter haben. Dann messen wir die zwischen ihnen bestehende Gravitations-Anziehung; ihre Größe ist definitionsgemäß die Gravitations-Konstante, in der deutschen Literatur gern mit f, in der angelsächsischen Literatur gewöhnlich mit G bezeichnet. Ihr Zahlwert, der natürlich ausdrücklich nicht etwa dimensionslos ist, lautet:

$$f = G = 6{,}685 \cdot 10^{-8} \text{ im cgs-Maßsystem.}$$

Wenn wir die von Dirac gewagte Hypothese weiter verfolgen wollen, so haben wir uns vorzustellen, daß dieses G in Wahrheit also keine Konstante ist, sondern eine meßbare physikalische Größe, deren Wert sich im Laufe der kosmologischen Entwicklung ändert. Dies ist natürlich ein Verhalten, welches in der Einsteinschen relativistischen Gravitationstheorie noch nicht vorgesehen war: Man muß sich also zu einer weiterführenden Abänderung oder Verallgemeinerung der Einsteinschen Gravitationstheorie entschließen. Das erfordert zwar neue mathematische Überlegungen, stellt uns aber keineswegs vor unlösbare Aufgaben. Grundsätzlich müssen wir uns vorstellen, daß es im Gravitationsfeld nicht nur diejenigen »Feldgrößen« gibt, mit welchen die Einsteinsche Theorie rechnet (dabei handelt es sich um 10 »Komponenten« des sogenannten »metrischen Feldes«). Die Einsteinsche Gravitationstheorie, welche die Gedankengänge der »Riemannschen Geometrie« auf die vierdimensionale Raum-Zeit-Mannigfaltigkeit anwendet, ist ja ihrer Natur nach komplizierter, als die Maxwellsche Elektrodynamik, welche nur sechs Feldgrößen kennt (so weit von den elektromagnetischen Material-Eigenschaften abgesehen wird): Im Vakuum-Fall haben wir sechs Feldgrößen, nämlich die je drei Komponenten der elektrischen und der magnetischen Feldstärke.

In der »erweiterten Gravitationstheorie« (so habe ich sie seit 1948 genannt) kommt nun gegenüber der Einsteinschen Gravitationstheorie, in welcher es (solange von elektromagnetischen Feldern abgesehen wird) nur die 10 Komponenten des metrischen Feldes gibt, als weitere Feldgröße eine skalare Feldgröße G hinzu.

Es bereitet zwar Mühe, aber keine eigentliche Schwierigkeit, diese Erweiterung der Einsteinschen Gravitationstheorie systematisch auszuführen. Diese Ausführung haben, unabhängig voneinander, einerseits Y. Thiry und andererseits der Verfasser gegeben. Es erwies sich dabei, daß die neue Theorie weitgehend vorbereitet war durch Untersuchungen des Physikers O. Klein und der Mathematiker Th. Kaluza und Veblen, welche tiefere mathematische Symmetrie-Eigenschaften der Einsteinschen Gravitationstheorie herausgearbeitet hatten durch Entwicklung einer sogenannten »fünfdimensionalen Relativitätstheorie«, mit deren Gestaltung sich später auch Einstein selber sowie Pauli und Bergmann beschäftigt hatten. Von diesen Entwicklungen aus konnte man die der Diracschen Hypothese entsprechende Einführung einer zusätzlichen skalaren Feldgröße in die Einsteinsche Theorie geradezu als eine sehr natürliche und glaubhafte Erweiterung bezeichnen. Einige Jahre später ist R. Dicke von ganz anderen Erwägungen aus zu weitgehend gleichen Ergebnissen gekommen; eine gemeinsame Arbeit von Brans und Dicke ist sehr bekannt geworden.

Nach dem heutigen Stande der kosmologischen Forschung ist kaum ein Zweifel daran möglich, daß der Kosmos in erster Annäherung zu beschreiben ist durch ein sogenanntes Friedmannsches Modell. Der Mathematiker Friedmann hat erstmalig gezeigt—Einstein war von diesem Ergebnis so überrascht, daß er vorübergehend einen mathematischen Fehler in der Friedmannschen Untersuchung vermutete — also Friedmann hat gezeigt, daß die »Feldgleichungen« der Einsteinschen Gravitationstheorie erfüllt werden können durch ein vereinfachtes Modell, in welchem nur von dem Durchschnittswert der Massendichte im Kosmos die Rede ist, ohne genaueres Eingehen auf die Tatsache, daß die Materie des Weltalls in Wahrheit in Sternen und Milchstraßen konzentriert ist. Das Friedmannsche kosmologische Modell (welches noch mehrere verschiedene Spezialisierungen zuläßt) sieht so aus, daß ein dreidimensionaler Raum konstanter Krümmung existiert, in welchem die Masse in räumlich konstanter Dichte verteilt ist; die Krümmung dieses Raumes und auch seine Massendichte sind aber zeitlich veränderlich nach einem bestimmten Gesetz, welches die Erfüllung der Einsteinschen Feldgleichungen gewährleistet. Für die »erweiterte Gravitationstheorie« kommt als Neues hinzu, daß (in der zugrunde gelegten Approximation) auch G zwar zu jeder Zeit im ganzen Weltraum den gleichen Wert besitzt, aber doch zeitlich veränderlich ist.

Die raffinierten modernen Methoden astronomischer Radarexperimente haben eine unmittelbare Nachprüfung erlaubt, innerhalb welcher Grenzen eine zeitliche Veränderung von G vorgestellt werden kann, ohne daß man zu Widersprüchen mit den Erfahrungstatsachen kommt. Nach Schapiro muß die im Falle einer langsamen Verkleinerung der Gravitations-»Konstanten« positive Größe $-\dot{G}/G$ kleiner sein als 4.10^{-10} im Jahre. Es besteht also keine Schwierigkeit für unsere Vermutung, daß die fragliche jährliche relative Abnahme von G etwa halb so groß wie der soeben erwähnte zulässige Maximalwert ist.

Wenn aber diese Präzisierung der Diracschen Hypothese der Wahrheit entspricht, so lassen sich aus ihr Folgerungen ziehen, die für das geologische und geophysikalische Bild der Erde und der Erdentwicklung nicht unwichtig sind. Die Diracsche Hypothese macht es wahrscheinlich, daß unser Planet Erde in einer gewissen langsamen Expansion begriffen ist — mein verstorbener Freund Fisher hat mich vor etwa 20 Jahren auf diesen Gedanken hingewiesen und mir damit ein Thema aufgegeben, das mich inzwischen stark beschäftigt hat. Ich bin allmählich zu der Überzeugung gekommen, daß die auf Grund der Diracschen Vermutung zu erschließende langsame Expansion des Erdkörpers tatsächlich vorhanden ist. Wenn ich von den Tatsachen, die nach meiner Meinung dieses Urteil rechtfertigen, im Folgenden eine ganz kurz gefaßte kleine Übersicht gebe, so muß ich freilich, um mich nicht einer Irreführung des Lesers schuldig zu machen, vorweg betonen, daß meine Beurteilung dieses Punktes keineswegs bereits verbreitete Anerkennung unter den Spezialisten gewonnen hat — im Gegenteil halten viele Spezialisten meine These für unrichtig. Aber eine kritische Prüfung der diesbezüglichen Einwände führt zu der Feststellung, daß wir hier vor Fragen stehen, für die es zur Zeit noch keine gesicherte abschließende Antwort gibt — vorläufig kann man sowohl ein Ja als auch ein Nein für vertretbar halten.

Es mag zwar erstaunlich und fast unglaubhaft erscheinen, daß es bei wesentlichen Fragen aus der Geschichte und Gegenwart unserer Erde noch Spielraum gibt für erhebliche Meinungsverschiedenheiten. Aber tatsächlich ist es so, daß viele wichtige Fragen, von denen man vielleicht denken möchte, die Wissenschaft müßte darüber längst entschieden haben, in Wahrheit noch durchaus umstritten sind. Ein Beispiel hierfür ist die berühmte Frage nach der Entstehungsweise der sogenannten Mondkrater. Diese sind ja bekannt, seitdem Galilei das Zeitalter der Fernrohr-Astronomie begründete; und ihr Name deutet schon an, daß man seit ihrer Entdeckung zunächst geneigt war, sie für ähnliche Erscheinungen zu halten, wie die vulkanischen Krater, die auf der Erde so zahlreich zu finden sind. Aber schon 1892 veröffentlichte Gilbert eine Abhandlung, in welcher er behauptete, daß die Mondkrater (von denen mit leistungsfähigen Fernrohren mehr als 30 000 auf der uns zugewandten Seite des Mondes entdeckt werden konnten) mindestens großenteils nicht durch vulkanische Ausbrüche bedingt, sondern vielmehr gewissermaßen Einsturz-Narben großer meteoritischer Körper seien. Im Laufe der wissenschaftlichen Entwicklung von acht Jahrzehnten hat die Frage nach der Entstehungsweise der Mondkrater nicht aufgehört, Gegenstand heftigen Streites unter den Spezialisten zu sein.

Dies ist ein verblüffender Tatbestand: Trotz der inzwischen so weit verbesserten Möglichkeiten der Fernrohr-Beobachtung hat man für die mehr als 30 000 Mondkrater bis heute kein einheitliches Urteil der Spezialisten über ihre Entstehungsweise erreichen können. In moderner Zeit, aber noch vor den ersten Mond-Landungen, hat ein Fachmann mit Bedauern ausgesprochen, daß dieses Problem wahrscheinlich nicht gelöst werden könnte, bevor nicht menschliche Landungen auf dem Mond ausgeführt werden könnten. Inzwischen sind solche Landungen wiederholt gelungen, ohne daß dadurch eine Beseitigung der Streitfrage gelungen wäre.

Man kennt inzwischen mehrere Dutzend Beispiele von »Mondkratern« auf unserem Planeten Erde; es handelt sich um Gebilde, welche zweifellos viel engere Ähnlichkeit mit den Mondkratern besitzen, als normale irdische Vulkane. Eines dieser Beispiele ist das Nördlinger Ries. Aber obwohl zu dessen genauester Erforschung noch keine Mondlandung abgewartet werden mußte, so hat sich doch auch betreffs des Nördlinger Rieses ein heftiger Spezialisten-Streit ausgebildet: Viele Spezialisten haben auch das

Nördlinger Ries für einen Vulkankrater erklärt; und obwohl die moderne Entwicklung schwerwiegende Beweise zugunsten einer Deutung dieses Falles als Einsturz-Narbe ergeben haben, so gibt es meines Wissens auch heute noch (1972) einige Verfasser, welche nach wie vor überzeugt sind, daß das Nördlinger Ries ein großer Vulkankrater sei.

Ohne an dieser Stelle einzugehen auf diejenigen Beweisgründe, welche nach meiner eigenen Überzeugung (und nach der Überzeugung vieler hervorragender Spezialisten) das Nördlinger Ries endgültig als Einsturz-Narbe erwiesen haben, möchte ich ein anderes Beispiel einer Theorie erwähnen, welche zwar heute von fast allen Sachverständigen als gesichert angesehen wird, aber welche doch immerhin vier bis fünf Jahrzehnte lang von der großen Mehrzahl der zuständigen Spezialisten abgelehnt worden ist — und zwar nicht nur im Sinne einer negativen sachlichen Beurteilung, sondern auch im Sinne einer eigentümlich emotionalen, heftigen und zornerfüllten Ablehnung. Ich meine hiermit die von Alfred Wegener seit 1910 begründete Theorie, daß Afrika und Südafrika früher einmal aneinander gelegen haben und erst im späteren Verlauf der Erdgeschichte durch den sich zwischen ihnen ausbildenden Atlantik getrennt worden sind.

Wenn wir die über ungefähr ein halbes Jahrhundert erstreckte Ablehnung dieses Wegenerschen Gedankens angesichts der ihm heute fast ausnahmslos zugewendeten Zustimmung ebenfalls als verblüffend bezeichnen, so muß freilich, wenn wir gerecht urteilen wollen, im Auge behalten werden, daß die alte Hypothese eines großen südlichen Kontinents (»Gondwana«), auf welche Wegener sich stützte, erst seit 1969 durch Versteinerungsbefunde voll gerechtfertigt worden ist, welche aus der Verbreitung gewisser Saurier (Lystrosaurus) folgern ließen, daß zwischen Südamerika, Afrika, Antarktis, Indien und Südchina noch vor 200 Millionen Jahren breite Land-Zusammenhänge bestanden haben: Obwohl zu Wegeners Lebzeiten die Gondwana-Hypothese bereits geologisch untermauert war, so war sie doch noch weitgehend Hypothese geblieben, als Wegener sie zur Unterlage von Folgerungen machte, welche im Kreise der Spezialisten nicht nur sachlichen, sondern auch entrüsteten Widerspruch erregten.

Unter den sachlichen Einwänden gegen Wegeners »Theorie der Kontinental-Verschiebung« hatten zwei besonderes Gewicht: Einerseits wurde erklärt, das Zusammenpassen von Afrika und Südamerika sei keineswegs so genau, um ein rein zufälliges Zustandekommen auszuschließen. Zweitens wurde darauf hingewiesen, daß für die von Wegener behaupteten Kontinental-Verschiebungen sehr große horizontale Kräfte nötig wären, welche auf die Kontinente einwirken müßten — für das Vorhandensein solcher Kräfte war in Wegeners Überlegungen keine physikalisch überzeugende Erklärung gegeben.

Der erste dieser Einwände ist erst vor wenigen Jahren durch den Australier Carey überzeugend widerlegt worden. Das Zusammenpassen zwischen den Küstenlinien Südamerikas und Afrikas ist in der Tat recht ungenau. Aber die Küstenlinien sind nicht die wahren Grenzen der »Kontinental-Schollen«. Sondern man muß zu den Landgebieten der Kontinente die Flachmeer-Gebiete, die »Schelfe«, hinzurechnen. Diese Schelfe sind nach der Struktur ihres Untergrundes Teilstücke der Kontinental-Schollen, welche jedoch so tief liegen, daß sie von den Ozeanen noch bedeckt sind. Der sogenannte »Kontinental-Abhang«, der überall verhältnismäßig steil ausgebildet ist, begrenzt die Schelfgebiete gegenüber der Tiefsee. Nach heutigen Kenntnissen ist es möglich, diesen Kontinentalabhang als wirkliche Begrenzung der Kontinental-Schollen sowohl für Afrika als auch für Südamerika in ausreichender Genauigkeit anzugeben; und indem Carey statt der Küstenlinien die beiderseitigen Kontinentalabhänge verglich, kam er zu dem Ergebnis, daß die wahren Begrenzungen dieser beiden großen Kontinental-Schollen sehr viel genauer übereinstimmen als die Küstenlinien. Von einer bloßen Zufälligkeit der Übereinstimmungen kann demnach nicht mehr die Rede sein. Die Careyschen Ergebnisse habe ich wiedergegeben in meinem Buch »Die Expansion der Erde«, das in der 1971 erschienenen englischen Fassung noch um viele neue Ergebnisse erweitert wurde.

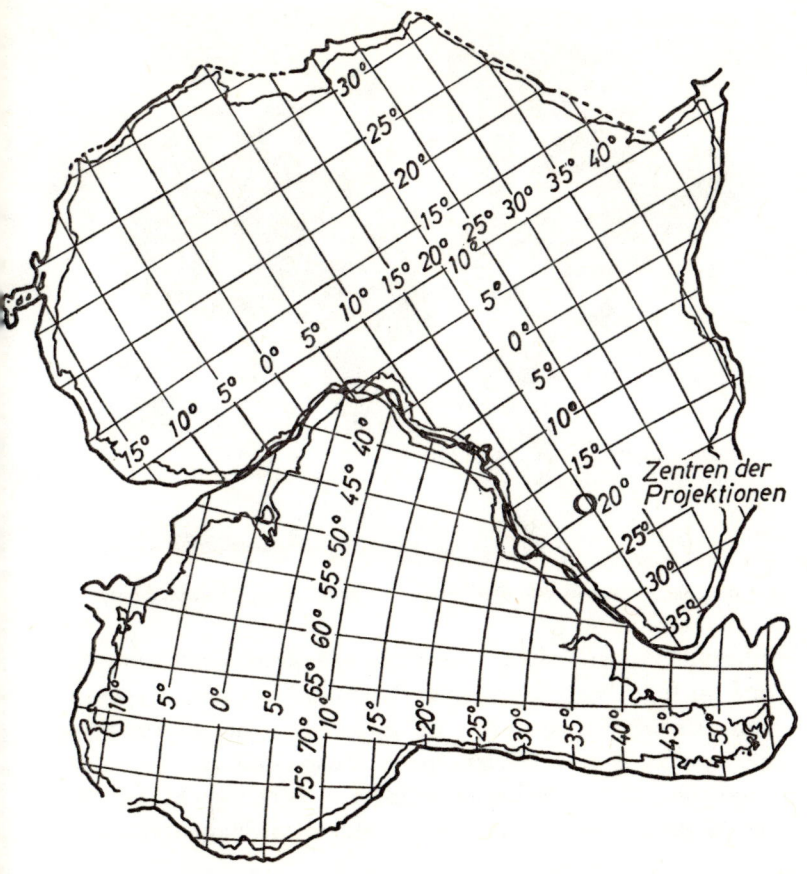

Zentren der
Projektionen

Zusammenpassen der Kontinentalblöcke Afrika und Südamerika, nach Carey.

Wesentliche zusätzliche Aufschlüsse zum Thema der Entwicklung der Kontinente haben sich ergeben durch die in den fünfziger
Jahren gemachte ozeanographische Entdeckung von Ewing,
Heezen und Tharp: Es gibt ein erdumspannendes System von tiefen Rissen im Meeresboden. Ein riesiges Teilstück dieser Risse
liegt in der Mitte des Atlantik: Aus dem tiefen Süden kommend
geht es bis in den hohen Norden hinauf — dabei Island über-

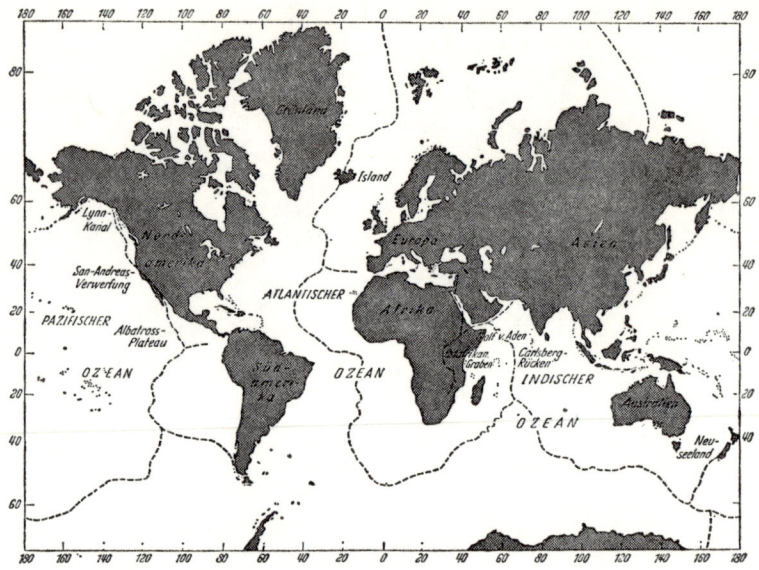

Das erdumfassende Spaltensystem, nach Ewing, Heezen, Tharp.

querend. Andere, daran anschließende Teile liegen im Pazifik und im Indischen Ozean. Auch das Rote Meer (sowie seine palästinensischen Fortsetzungen im Jordan-Tal und im Toten Meer) gehören zu diesem System tiefer Risse; und gerade im Roten Meer bestätigt sich handgreiflich die von Heezen begründete Auffassung vom Wesen dieses ozeanischen Spaltensystems: Da-

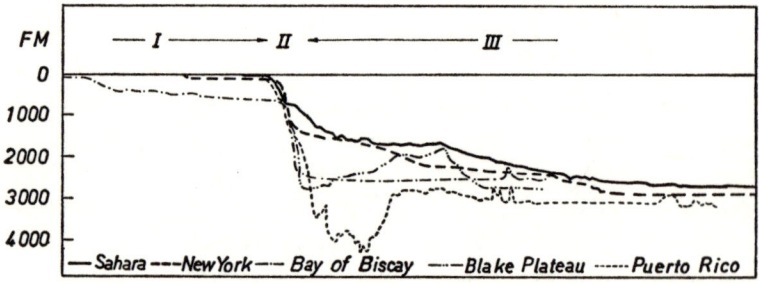

Profile des Kontinentalabhangs.

nach sind die beiderseitigen Ufer dieser Spalten in einem langsamen Auseinanderweichen begriffen, hierdurch Raum gebend für ein aus der Tiefe des Risses erfolgendes allmähliches Aufquellen magmatischer, geschmolzener Gesteinsmassen. Als Auswirkung davon sind im langen tiefen Trog des Roten Meeres in der Tiefe heiße Wassermassen zu finden, die neuerdings ausführliche Untersuchung gefunden haben.

Die im Indischen Ozean und im Roten Meere liegenden Teilstücke des großen Spaltensystems haben ferner Fortsetzungen in den berühmten »Grabenbrüchen« Ostafrikas, die noch gewaltiger sind, als die in Palästina und z. B. in Gestalt der Oberrheinischen Tiefebene vorliegenden Grabenbrüche. Von der Oberrheinischen Tiefebene weiß man, daß ihre beiden gebirgigen Flanken seit einigen Jahrmillionen um mindestens einen Millimeter jährlich auseinanderweichen. Auch die Überquerung Islands durch die Atlantische Spalte zeigt sich dort in einem großen Grabenbruch, dessen Verbreiterung noch schneller verläuft und sich auch in tiefen offenen Erdspalten offenbart.

Zu den ursprünglich von Ewing, Heezen und Tharp angegebenen Teilen des ozeanischen — in seinen kontinentalen Fortsetzungen in Grabenbrüche übergehenden — Spaltensystems konnten noch zwei bemerkenswerte Ergänzungen hinzugefügt werden. Es wurde von diesen Verfassern bereits hervorgehoben, daß die Atlantische, über Island laufende Spalte im hohen Norden ostwärts umbiegt und dann von Norden her auf die sibirische Küste zuläuft. Sowjetischen Forschern ist aber gut bekannt, daß diese Spalte auf dem asiatischen Kontinent eine weitreichende Fortsetzung besitzt — sie läuft in Sibirien durch den Baikal-See und reicht dann bis in den Süden hinunter, wo sie wahrscheinlich mit dem im Indischen Ozean liegenden Teil des Spaltensystems zusammenhängt.

Andererseits besitzt die Atlantische Spalte eine nach Osten laufende Abzweigung, die auf der Straße von Gibraltar hinführt. Es ist aber den zuständigen Geologen seit langem bekannt, daß im Mittelmeer von Gibraltar aus an der spanischen Ostküste eine grabenbruchartige Störungslinie nach Südfrankreich führt, welche durch das Gebiet der berühmten Vulkane der Auvergne geht, dann ihre Fortsetzung in der Oberrheinischen Tiefebene findet, ferner in der gleichfalls von alten Vulkanen durchsetzten Eifel. Diese Linie reicht durch Norddeutschland bis hoch nach Schweden hinauf. Der deutsche Geologe Stille hat vor längerer Zeit dieser »Mittelmeer-Mjösen-Zone« eine ausführliche Betrachtung gewidmet.

Die im Roten Meer gegebene Möglichkeit, das Aufsteigen heißen Magmas an dortigen Wassertemperaturen in der Meerestiefe zu bestätigen, ist natürlich in den großen Ozeanen nicht zu erwarten. Jedoch hat die Entdeckung der Tiefseespalten nach Ewing, Heezen und Tharp mehrere Jahre danach eine wundervolle Ergänzung gefunden durch die vor allem Vine zu verdankende Entdeckung dessen, was man als Zebramuster der Tiefseespalten bezeichnen könnte. Zum Verständnis der Sache muß zunächst eine andere Tatsache erwähnt werden.

Man weiß neuerdings, daß die *magnetischen Pole* der Erde gelegentlich eine Vertauschung erfahren. Der Vorgang ist so vorzustellen, daß das erdmagnetische Feld sich gelegentlich abschwächt bis zum Verschwinden, dann aber erneut aufgebaut wird mit vertauschter Lage der beiden magnetischen Pole. Innerhalb der letzten vier Millionen Jahre sind genau neun solche »Umpolungen« des Erdmagnetismus erfolgt. Es bestehen Gründe, überzeugt zu sein, daß die Dauer eines solchen Vorgangs recht klein ist — vielleicht etwa fünf Jahrtausende umfassend. Das bedeutet, daß diese Umpolungen einzigartig genau fixierte Zeitmarken der Erdgeschichte sind. M. Elsasser, dem die Geophysik die theoretische Aufklärung des Erdmagnetismus verdankt, hält das Vorkommen solcher Umpolungen für eine physikalisch gut verständliche Tatsache wie er mir persönlich mitteilte.

Wenn nun in den besprochenen Tiefseespalten magmatische Tiefenmassen durch Berührung mit dem Meereswasser abgekühlt und zur Erstarrung gebracht werden, so erfahren sie durch das erdmagnetische Feld eine schwache Magnetisierung. Diese Magne-

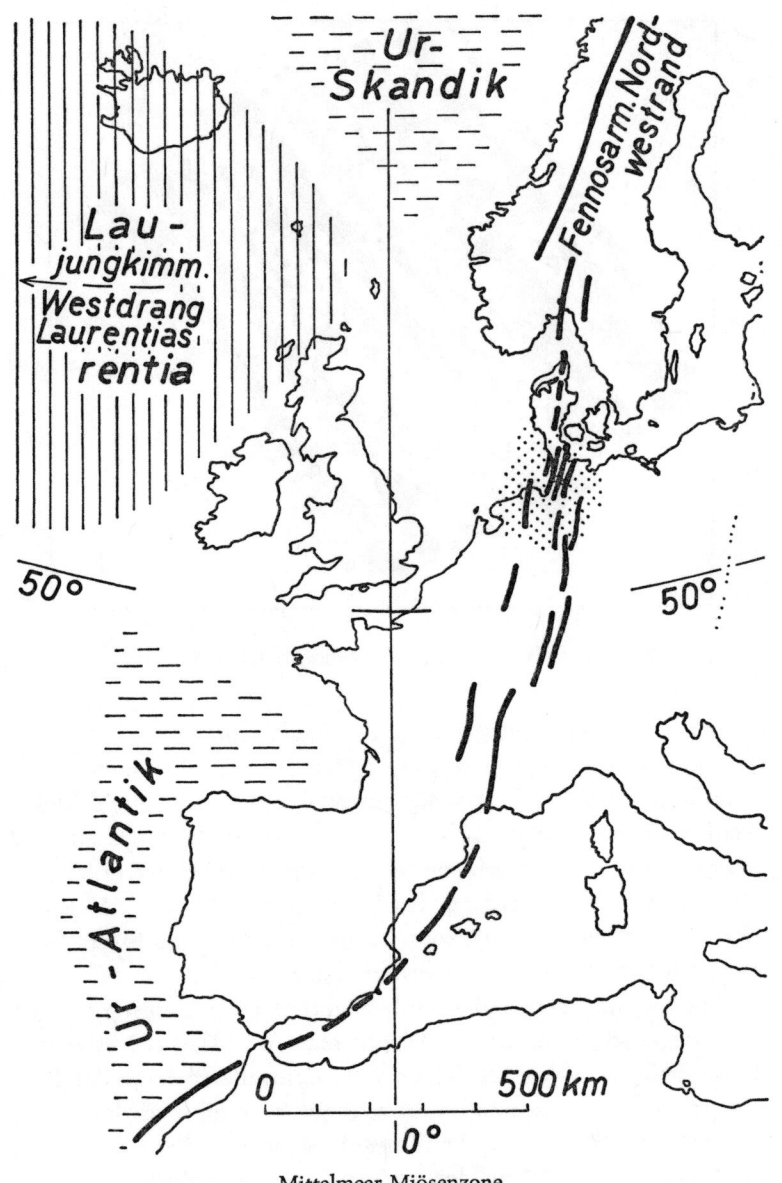

Mittelmeer-Mjösenzone.

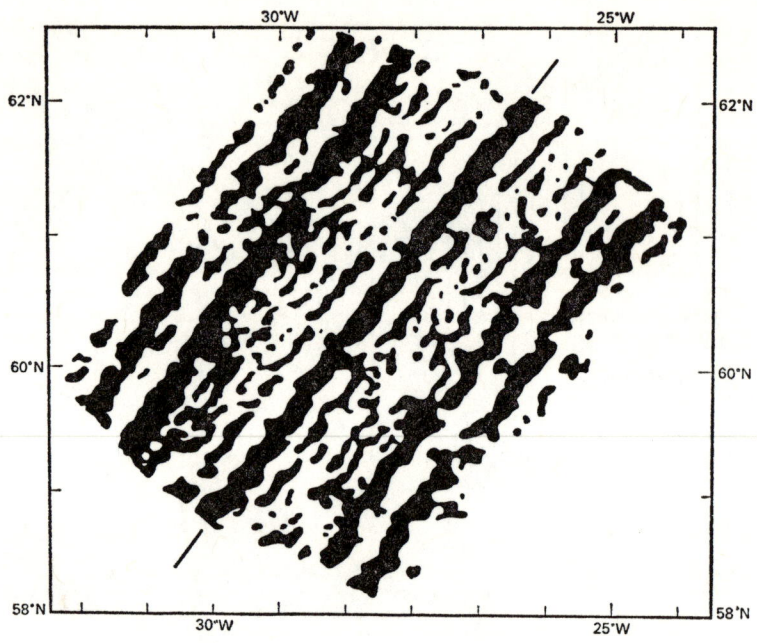

Probestück der magnetischen »Zebrastreifen« nach Vine.

tisierung bildet sich aus, solange die fraglichen Massen noch heiß sind — nach erfolgter Erstarrung ändert sie sich nicht mehr. Deshalb kann man heute noch an einem Punkte des Tiefseebodens, welcher in der Nähe z. B. der Atlantischen Spalte liegt, aus der Richtung der dortigen Magnetisierung des Meerbodens erkennen, ob zur Zeit der Erstarrung des Magmas an diesem Punkte des Ozeanbodens die beiden magnetischen Pole der Erde in der heutigen oder aber in der umgekehrten Lage waren.

Vine hat nun eine Fülle diesbezüglicher Ermittlungsergebnisse kartographisch verarbeitet: Wenn man die Flächenstücke des Tiefseebodens, welche der einen oder der anderen Lage der Pole entsprechen, schwarz bzw. weiß zeichnet, so ergibt sich längs der Atlantischen Spalte ein deutliches System von Parallelstreifen, mit Symmetrie zur Mitte, der jetzigen Lage der Spalte.

136

In schönster Deutlichkeit tritt hier die Richtigkeit der Heezenschen Vorstellung vom Wesen der Tiefseespalten zutage: Tatsächlich verbreitert sich hier der Tiefseeboden durch Auseinanderweichen der beiderseitigen Spaltenufer, und Ausfüllung der sich verbreiternden Spalte durch aufquellendes heißes Tiefengestein.

Man darf wohl die Entdeckung dieses großen, erdumfassenden Spaltensystems zusammen mit der ergänzenden Erkennung dieses Streifenmusters als eines der schönsten und erstaunlichsten Ergebnisse der naturwissenschaftlichen Forschung unseres Jahrhunderts bezeichnen. Den wunderbaren physikalischen Entdeckungen im Gebiete der Atomphysik, im Umkreise der Relativitäts- und Quantentheorie, schließt es sich würdig an.

Da nun die Zeitpunkte der in den letzten vier Millionen Jahren erfolgten Umpolungen des Erdmagnetismus gut bekannt sind, so kann man aus dem erwähnten Streifenmuster auch ablesen, mit welcher Geschwindigkeit die Vergrößerung des Meeresbodens längs dieser Spalten erfolgt ist: Man kommt zu mehreren Zentimetern jährlich, also einer sehr beachtlichen Geschwindigkeit, die auch dann erstaunlich groß bleibt, wenn man zur Kenntnis nimmt, daß diese Geschwindigkeit — nach Ausweis anderweitiger Erfahrungen — wahrscheinlich nicht immer gleich groß gewesen ist; wahrscheinlich war die Verbreiterung des Meeresbodens längs der Tiefseespalten in früheren Jahrmillionen zeitweise durch Pausen unterbrochen.

Für die im Zeitmaß geologischer Geschichte erfolgte Trennung Afrikas und Südamerikas werden wir aus den neuen Erkenntnissen, welche die Tiefseespalten und Grabenbrüche betreffen, lernen müssen, daß der alte Gondwana-Kontinent einmal von einem großen Grabenbruch durchzogen wurde — ähnlich, wie Asien von der sibirischen Nordküste bis zur persischen Südküste heute von einem Grabenbruch durchzogen ist. Jener alte Grabenbruch auf dem Gondwana-Kontinent hat sich im Laufe der Jahrmillionen fortschreitend verbreitert — der ganze südliche Atlantik ist aus dieser Verbreiterung hervorgegangen.

Als im Anfang des Jahrhunderts von geologischer Seite über

den aus geologischen Tatsachen heraus erschlossenen, obwohl noch keineswegs abschließend bewiesenen alten Kontinent Gondwana nachgedacht wurde, da stellte man sich noch gerne vor, daß die frühere Landbrücke zwischen Afrika und Südamerika in späterer Zeit »abgesunken« sei — das um mehrere Kilometer »abgesunkene« Zwischengebiet sei dann vom Wasser des heutigen Südatlantik überflutet worden. Diese Vorstellung, daß der Tiefseeboden eines großen Ozeans durch Absinken aus einem Kontinentalgebiet entstanden sei, widerspricht aber dem heutigen Wissen von der Struktur und von der chemischen Zusammensetzung der Gesteine, aus denen die Kontinentalschollen bestehen. Man hat vor einigen Jahrzehnten gern vom sogenannten SIAL-Material der Kontinentalschollen im Gegensatz zum SIMA-Gestein des Tiefseebodens gesprochen. Diese Namen sollten ausdrücken, daß das die Kontinente zusammensetzende Gesteinsmaterial als Hauptbestandteile Si ($=$ Silizium) und Al ($=$ Aluminium) enthalte, das am Tiefseeboden zutage tretende Material hingegen Si und Mg ($=$ Magnesium). Diese beiden Bezeichnungen sind inzwischen wieder etwas aus dem Gebrauch gekommen, zugunsten verfeinerter Unterscheidungen. Jedoch ist als Gewißheit bestehen geblieben, daß die großen Kontinentalschollen aus einem im Durchschnitt etwas leichteren Material bestehen, welches im schwereren, dichteren Material der darunter liegenden Schicht der Erdkruste gewissermaßen schwimmt, ähnlich wie Eisschollen auf einer Wasseroberfläche schwimmen können. Das etwas weniger dichte Gestein der großen Schollen ist im Sinne dieses »Schwimmens« eingetaucht in das andere, etwas dichtere Material. Zahlreiche sehr verfeinerte Messungen der Schwerkraft über die ganze Erdoberfläche hin haben erwiesen, daß das Schwimmgleichgewicht der in das Untergrundmaterial eingetauchten großen Schollen in sehr genauer Weise ausgebildet ist: Wo Gebirgszüge sich über die Durchschnittshöhe der Landgebiete erheben, dort ist auch die Dicke der Schollen größer — Ausbuchtungen der Schollen nach unten hin sind dort tiefer als sonst eingesenkt in den Untergrund: Diese »Isostasie« ist von den Geophysikern sehr umfassend und genau geprüft und bestätigt worden. Da aber die Hochgebirge nur einen sehr kleinen prozentualen Flächenanteil der Landgebiete ausmachen, so ist als Ergebnis des in mühsamer Arbeit bestätigten Schwimmgleichgewichts festzustellen, daß der Hauptanteil der Kontinentalschollen eine erdweit fast konstante Dicke hat, die bestimmt kein Zufall sein kann, sondern einer Erklärung und Begründung ihrer Entstehungsweise verlangt.

Daß die Kontinentalschollen einerseits und die Tiefseegebiete andererseits zwei wirklich wesensverschiedene Teilstücke der Erdoberfläche sind, hat Wegener auch durch folgende Bemerkung unterstrichen: Wir wissen ja, daß beispielsweise gerade die Gipfelzone der Alpen großenteils aus solchem Gestein besteht, welches versteinerte Muscheln enthält — gerade diese Gipfelzone muß also früher einmal im Meere gelegen haben. Zur Zeit Leonardo da Vincis sträubte man sich übrigens noch sehr heftig dagegen, eine solche Folgerung zu ziehen — man wollte das Vorhandensein von Muscheln im Gestein der Alpengipfel lieber als »Naturspiel« deuten, der Natur einen geheimnisvollen Spieltrieb zutrauend, der gelegentlich Muscheln auch außerhalb des Wassers zustande kommen ließe. (In Mereschkowskis wundervollem Buch über Leonardo da Vinci ist diese damalige Denkweise seiner gelehrten Gegner fesselnd geschildert worden.)

Aber alle heute in Landgebieten auszugrabenden Meeresfossilien stammen aus dem Flachmeer, also von ehemaligen Schelfgebieten — eine Umwandlung großer Kontinentalflächen in Tiefseeboden hat es nie gegeben, und den umgekehrten Vorgang ebenso wenig. Zwar liegt auf dem Tiefseeboden ebenfalls noch eine Sedimentschicht obenauf — aber sie ist höchstens einige Kilometer dick, also nicht zu vergleichen mit den erheblich dickeren Kontinentalschollen, die von ihrer dem »SIMA« aufliegenden Unterseite bis zu ihrer nur noch von der Atmosphäre (und teilweise vom Flachmeer) überdeckten Oberseite etwa 30 bis 40 Kilometer Dicke zeigen — außer dort, wo die »Wurzeln« von Hochgebirgen noch entsprechend tiefer in die Untergrundschicht eintauchen.

Mit seiner Theorie der Kontinentalverschiebung beseitigte Wege-

ner die falsche Vorstellung, daß der heute die beiden Gondwana-
teile Afrika und Südamerika trennende Südatlantik durch Absinken dortigen Landes entstanden sei. Jedoch entspricht auch die
Vorstellung, welche Wegener an die Stelle der alten, sicher unrich-
tigen setzte, nicht mehr dem, was wir uns heute auf Grund der
Entdeckung des erdumspannenden Spaltensystems mit seinen begleitenden Zebrastreifens denken müssen. Wegener stelle sich vor,
daß das »Schwimmen« der Kontinentalschollen in der dichteren
Untergrundmasse nicht nur im Sinne eines Eintauchens der Schollen gegeben sei, sondern auch im Sinne einer verhältnismäßig
freien *Beweglichkeit* der Schollen. Sein geophysikalischer Kritiker
Jeffreys hatte es deshalb seinerzeit recht leicht, eine physikalische
Unmöglichkeit der Theorie der Kontinentalverschiebung nachzu-
weisen: Er rechnete vor, daß eine schwimmende Bewegung der
Kontinentalschollen im Untergrunde ungeheure Reibungskräfte zu
überwinden hätte, wodurch dann die schon oben erwähnten gewaltigen Horizontalkräfte als Antrieb der Kontinentalbewegungen
erforderlich wurden.

Heute sieht nun die Problemlage erheblich anders aus. Daß die
heutigen Schollen Afrika und Südamerika früher einmal zusammengelegen haben, ist heute nicht mehr Hypothese oder anzwei-
felbare Theorie, sondern es darf als schlichte, nicht mehr bezwei-
felbare Tatsache allen weiteren Überlegungen zugrunde gelegt
werden. Aber die von Wegener noch gedachte Bewegung der sich
immer weiter trennenden beiden Kontinente relativ zu ihrer Unterlage ist gar nicht vorhanden — vielmehr geschieht die laufende
Abstandsvergrößerung zwischen den beiden Seiten in solcher
Weise, daß längs der Atlantischen Spalte eine fortlaufende Verbreiterung des Ozeanbodens geschieht: Die Zebrastreifen zeigen
uns ja die ständige *Neubildung von Tiefseeboden*. Damit — aber
erst damit — entfällt auch der zweite der schweren Einwände, welche Jeffreys seinerzeit der These Wegeners entgegen gestellt hatte;
der andere, welcher ein nur zufälliges, ungenaues Zusammenpassen der beiderseitigen Kontinentalgrenzen behauptete, ist ja
durch Carey in genauerer Analyse entkräftet worden.

Aber dafür haben wir nun eine andere Tatsache vor uns, die zu weiterem Durchdenken nötigt. Die Ozeane der Erde sind längs der Tiefseespalten von Ewing, Heezen und Tharp in ständigem Wachsen begriffen. In der angelsächsischen Literatur nennt man diesen Sachverhalt »spreading of oceans«.

Kann diese Vergrößerung der Ozeane ausgeglichen werden durch eine Verkleinerung der Kontinente? Zweifellos gibt es eine Verkleinerung der Kontinentalschollen, nämlich durch Gebirgsfaltung. Das Maß dieser Verkleinerung ist umstritten; wahrscheinlich beträgt sie mehr als 5% der Kontinental-Flächen; aber es ist sehr unwahrscheinlich, daß sie erheblich mehr als 5% beträgt. Dann aber ist es ausgeschlossen, daß die Verkleinerung der Kontinente durch Gebirgsfaltung einen Ausgleich geben könnte für die fortlaufende Vergrößerung der Ozeane.

Deshalb werden wir zu der Folgerung gedrängt — und zwar ganz einfach von den empirischen Tatsachen aus — daß unser Planet in einem Vorgang des räumlichen Wachsens, der Expansion begriffen ist. Dabei kommt nach den Messungsergebnissen an den Zerreißspalten der Ozeane und der von ihnen überquerten Kontinente ein Anwachsen des Erdradius um etwa 1 cm jährlich in Betracht. Jedenfalls müßten wir, wenn wir dieser Feststellung entgehen wollten, hypothetisch Vorgänge erdenken, durch welche das »spreading of oceans« kompensiert werden könnte. Solche Hypothesen sind in der Tat ausgesprochen worden — ich will jedoch nicht versuchen, sie zu erläutern. Ich wäre ein schlechter Advokat dieser Hypothesen, da ich nicht an ihre Vertretbarkeit glaube — ich halte sie für zu künstlich und unglaubhaft.

Die Erfahrungstatsachen sprechen aber auch dafür, daß der Expansionsvorgang der Erde nichts Einzigartiges, nicht eine Besonderheit nur dieses Himmelskörpers ist. Wir haben ja das Vorhandensein gewaltiger *Grabenbrüche* — bei zusammenfassender Betrachtung von Kontinenten und Ozeanen handelt es sich um ein erdumspannendes System solcher Grabenbrüche oder ozeanischer Spalten — als beweiskräftiges Anzeichen solcher Expansion ansehen müssen. Nun finden sich aber auch auf dem Mond zahlreiche Spalten, zahlreiche Grabenbrüche. Zum Teil sind sie seit langer Zeit bekannt; zum Teil sind sie aber erst in moderner Zeit entdeckt, teils auf Grund verbesserter Fernrohr-Photographiertechnik, die uns die Feinheiten der Mondoberfläche zugänglicher gemacht hat, als sie vorher waren. Vor allem aber hat die Satelliten-Technik mit ihrer Gipfelleistung wiederholter Mondlandungen eine Fülle von weiteren Spalten des Mondes bekannt gemacht, die früher nicht erkannt werden konnten. Auch sind manche frühere Erklärungsversuche ausgeschieden worden, die irrige Deutungen vorhandener Rillen und Spalten des Mondes enthielten — so ist vor allem das berühmte »Alpental« des Mondes erst vor einigen Jahren in so genauen Bildern bekannt geworden, daß erst jetzt gerade dieses Tal als ein geradezu klassisches Beispiel eines Grabenbruches erwiesen worden ist. Auch für den Mond ist danach eine (freilich viel geringere) Expansion zu einer handgreiflichen Tatsache geworden.

Inzwischen sind ja aber auch auf dem Mars umfassende Raketen-Photoaufnahmen gemacht. Zu den überraschendsten, obwohl im Grunde sehr verständlichen Ergebnissen gehörte die Feststellung, daß es auch dort die Erscheinung der »Mondkrater« in vielen Vertretern gibt — was sehr verständlich ist auf Grund der Deutung dieser »Mondkrater« als Einsturz-Narben. Neueste Aufnahmen von »Marssonden« haben aber schließlich auch klare Beispiele von Grabenbrüchen auf dem Mars erkennen lassen — mindestens als berechtigte Hypothese ist es also anzusehen, daß auch der Mars sich den Beispielen der Erde und des Mondes anschließt im Vorführen einer langsamen Expansion. Es scheint also nicht ein Ausnahmefall zu sein, dem wir nachspüren mit Untersuchung der Erdexpansion; sondern wir haben es hier augenscheinlich zu tun mit einer umfassenden Gesetzlichkeit — ein starker Hinweis darauf, daß die Diracsche Gravitationshypothese tatsächlich eine wesentliche Wahrheit enthalten könnte.

Bleiben wir jetzt aber bei dem für nähere Untersuchung günstigsten Fall, unserer Erde selbst. Es ist inzwischen in ausführlichen Untersuchungen verschiedener Verfasser nachgewiesen worden, daß dem glänzenden Zusammenpassen von Afrika und Südamerika andere ähnliche Beispiele zur Seite treten. Vor allem hat eine groß angelegte Untersuchung von Bullard Klarheit darüber geschaffen, daß auch der nördliche Teil des Atlantik ursprünglich durch Nebeneinanderliegen der beiderseitigen Kontinentalschollen geschlossen war.

Entschließen wir uns, dem Gedanken der Erdexpansion vollen Raum zu geben, so kommen wir zu einem theoretischen Bilde, welches für die Frühzeit der Erdentwicklung ein sehr einfaches Anfangsbild ergibt. In diesem zunächst hypothetischen, aber nicht nur vernünftigen, sondern auch mit den Erfahrungstatsachen bestens harmonierenden Bilde ist noch die gesamte Erdoberfläche überzogen von einer äußeren Schicht, deren Material (mögen wir es nun SIAL oder anders nennen) in gleichmäßiger Dicke die ganze Kugel einhüllte. Flüssiges Wasser war damals wahrscheinlich noch kaum vorhanden — das Wasser dürfte sich in Dampfform in der Atmosphäre aufgehalten haben. Da die Dicke der damaligen äußersten Schicht keine andere gewesen sein kann, als die jetzt vorherrschende, nur in wenigen Flächenprozenten durch Gebirgsfaltung veränderte, sonst immer noch einheitliche Dicke der Kontinentalschollen, so muß damals die Größe der Erdoberfläche (bis auf wenige Prozente) der heutigen Flächensumme aller Kontinentalschollen gleich gewesen sein.

Das Material dieser äußeren Hülle der ursprünglichen Erde war nach seiner Erkaltung und Verfestigung nicht dehnbar genug, um sich der allmählichen Expansion des Erdkörpers nachgiebig anpassen zu können — es bekam Risse, die sich allmählich zu größeren Gebieten ohne darauf liegende SIAL-Schicht erweiterten. Später konnten sie das verflüssigte Wasser der Erdoberfläche weitgehend aufnehmen — mit allerdings zunächst noch erheblich größeren flach überfluteten Schelfgebieten, als heute. Man kann an der Entwicklung der Kontinente in den letzten Jahrmilliarden verfolgen, daß die aus dem Meereswasser heraus ragenden Landgebiete sich fortschreitend vergrößert haben — ein Tatbestand, den man als »growth of continents« bezeichnet hat, der aber in unserer Deutung nicht ein Wachstum der Kontinentalschollen, sondern nur ein Wachstum der Landgebiete bedeutet hat.

Diese Gesamtvorstellung läßt auch das Entstehen der großen *Faltengebirge* der Erde besser verstehen, die man ja früher als Anzeichen eines Schrumpfens statt einer Expansion des Erdkörpers zu deuten versucht hat. Indem die Erde expandiert, nimmt ihre Oberfläche immer geringere Krümmung an. Dem müssen die Kontinentalschollen sich anpassen — sie werden durch Verformung zu einer verringerten Krümmung gebracht, dabei aber auch zu Verbiegungen genötigt, welche H. Haber treffend als »Quetschfalten« bezeichnet hat. Im Gegensatz zur älteren Theorie, welche eine Schrumpfung, eine Kontraktion des Erdkörpers für die Gebirgsfaltung verantwortlich machen wollte, läßt diese neue Deutung auch eine wichtige Gesetzmäßigkeit verstehen, welche durch neuere geologische Forschungen ans Licht gebracht worden ist. Danach beginnt die Ausbildung eines neuen Faltengebirges in der geologischen Geschichte damit, daß zunächst ein Einsinken längs der späteren Gipfellinie stattfindet — erst in einem zweiten Abschnitt folgt ihm die Auftürmung des Faltengebirges nach.

Aber auch die Erscheinungen des Vulkanismus erlauben auf Grund der Expansionstheorie ein neues, vertieftes Verständnis, welches durch meinen verstorbenen Schüler Binge erarbeitet worden ist. Daß der Vulkanismus wirklich ein ernstes, schwieriges Problem enthält, ist besonders deutlich von Kuhn und Rittmann empfunden worden, welche eine sehr kühne und revolutionäre Theorie vom inneren Aufbau der Erde erdacht haben, um das Rätsel des Vulkanismus lösbar zu machen. Dabei sind sie zweifelsohne auf einen falschen Weg geraten; aber um so eindrucksvoller wirken sie gewissermaßen als Kronzeugen dafür, daß der Vulkanismus wirklich einen neuen, im bisherigen Schema geophysikalischer und geologischer Vorstellungen noch nicht enthaltenen Gedanken erfordert. Nach Binge wird dieser Gedanke gerade durch die Expansionstheorie bzw. die ihr zugrunde liegende Diracsche Hypothese geliefert.

Die naive Deutung des Vulkanismus — darf ich diesen Ausdruck einmal gebrauchen, um diejenige Vorstellung zu bezeichnen, welche das Vorhandensein eines schwierigen Problems an dieser Stelle verkennt — stellt sich vor, daß in der Erdtiefe stellenweise glutflüssiges Magma vorhanden ist, das dann gelegentlich durch Vulkane ausläuft. Die Theorie von Kuhn und Rittmann behauptete, die Erde sei im tiefen Innern gasförmig und glühend — sie sei dort »Solarmaterie«, wie diese Verfasser sich ausdrückten. Damit wollten sie die eine Grundtatsache des Vulkanismus erklären: Wenn irgendwo auf der Erdoberfläche eine *Druckentlastung* zustande kommt, so kommt es dort auch bald zu vulkanischen Ausbrüchen; z. B. sind Grabenbrüche gewöhnlich auch Linien vulkanischer Aktivität. Diese umfassende Bereitschaft der tieferen Erdschichten zu Ausbrüchen glaubten sie durch die angedeutete (zweifellos unrichtige) Hypothese erklären zu müssen: Die tieferen Schichten der Erdkruste sollten bereits erhebliche in ihnen eingeschlossene Gasmengen besitzen, die bei Druckentlastung eine Entgasung mit dem Ergebnis explosiver Vorgänge ergeben würden.

Nach Binge ist es die der Diracschen Hypothese und dem Vorgang der Erdexpansion entsprechende Druckentlastung, welche weltweit (und von Fall zu Fall unterstützt durch örtlich hinzukommende Druckentlastungen) die dem Vulkanismus zugrunde liegenden Explosionsbereitschaft bedingt. Der Grundvorgang der Vulkanausbrüche ist aber nach Binge eine explosiv verlaufende »Phasenumwandlung«, in welcher sich eine Hochdruckphase gewissen Gesteins umwandelt in eine Niederdruckphase des Gesteins. Erhitzung und Verflüssigung sind nicht Ursache, sondern Folgeergebnis dieser Umwandlung. Die von Kuhn und Rittmann hervorgehobene Entgasung mag als Nebenergebnis eine gewisse Rolle spielen, aber die Phasenumwandlung ist der Kernvorgang.

Physik und Chemie lehren nämlich, daß viele Substanzen bei sehr hohem Druck eine besondere, durch hohe Dichte ausgezeichnete Kristallisationsform annehmen können, welche bei Druckerniedrigung aufhört, der stabilste Zustand zu sein — langsame Druckentlastung muß keineswegs zu sofortiger Umwandlung in diejenige anders kristallisierte »Phase« führen, welche bei geringerem Druck die stabilste ist; aber Fortbestand der Hochdruckphase noch bei erniedrigtem Druck kann eine explosive Umwandlung in die weniger dichte Niederdruckphase zustande kommen lassen. Die Verknüpfung dieses Wissens mit den Vorstellungen der Dirac-Hypothese und der Erdexpansion ergibt nach Binge die Lösung des Rätsels des Vulkanismus, ohne daß Sonderhypothesen im Sinne von Kuhn und Rittmann nötig sind.

Diese Bingesche Theorie des Vulkanismus führt uns aber zu einer wichtigen, den Mond betreffenden Folgerung: Das dortige Auftreten von Vulkanen mit Lava-Ergießungen wird durch diese Aufklärung des terrestrischen Vulkanismus sehr unwahrscheinlich gemacht; und es scheint mir deshalb sehr befriedigend, durch eine gründliche Prüfung des vorhandenen Materials an empirischen Beobachtungen und diesbezüglichen Diskussionen zu dem Ergebnis geführt zu sein, daß keinerlei Notwendigkeit gegeben ist, in den großen Mondkratern etwas anderes zu sehen, als Einsturznarben. Als mögliche oder wahrscheinliche Vulkane auf dem Mond bleiben danach nur sehr kleine Mondkrater übrig — freilich in großer Anzahl vorhanden — welche offenbar nicht durch Lava-Ausbrüche, sondern durch bloße Gasausbrüche entstanden sind: Dies ist eine Form vulkanischer Aktivität, welche auf dem Monde eine große Rolle spielt, aber nicht zur Zuständigkeit der Bingeschen Theorie gehört.

Als einen von der Deutung der Mondkrater unabhängigen Beweis vulkanischer Aktivitäten auf dem Monde hat man oft die sogenannten Kuppeln (engl. domes) des Mondes angesprochen — flache Aufbeulungen der Mondoberfläche, die zahlreich zu finden sind. Ihre Deutung als Ausdruck von vulkanischer Aktivität, die nicht ganz bis zur Oberfläche durchgedrungen ist, erschien früher als naheliegend und überzeugend. Jedoch ist von Gold eine ganz andere Deutung angebahnt worden: Es handelt sich um Ansammlungen von Eis, gebildet durch Wasser, welches in tieferen Gesteinsschichten ausgeschieden wurde und dann langsam zur Oberfläche hin aufgestiegen ist. Es mußte aber gefrieren in einer nahe

der Oberfläche liegenden Schicht, deren Temperatur (wie Radar-
ergebnisse gezeigt haben) ständig unter dem Gefrierpunkt bleibt.
In der Tat haben neuere Raketenergebnisse gezeigt, daß das Aus-
fließen von Wasser aus solchen Kuppeln vorkommt; und auf dem
Mars sind viele Beispiele durch Ausfluß und Verdunstung des
Wassers eingestürzter solcher Kuppeln gefunden worden. Es besteht also kein Grund, an der Richtigkeit der Bingeschen Theorie
des Vulkanismus zu zweifeln.

Daß die von Kuhn und Rittmann versuchte Vorstellung vom
Innern des Erdkörpers nicht aufrechterhalten werden kann, ergibt
sich daraus, daß wir aus einem anderen Erfahrungsbereich sehr
gründlich unterrichtet sind über das Erdinnere. Die von einem
Erdbeben erzeugten Erschütterungswellen breiten sich durch den
Erdkörper hindurch aus, und können auch bei solchen Erdbeben,
welche schwach genug bleiben, um häufig vorkommende Ereignisse zu sein, durch die Seismometer der ganzen Erde registriert
werden. Viel Scharfsinn ist der Ausdeutung dieser Registrierun-
gen zugewandt worden, und im Ergebnis können wir sagen, daß
der Erdkörper durch die Erschütterungswellen der Erdbeben in
ähnlicher Vollkommenheit »durchleuchtet« wird, wie handliche
Gegenstände durch Röntgenstrahlung oder Ultraschallstrahlung.

Auf Grund dieser Durchleuchtung wissen wir, daß die Erde
einen *Erdkern* besitzt, dessen ihn begrenzende Kugelfläche annähernd 3000 km unter der Erdoberfläche liegt. Seine Dichte ist
merklich größer, als die des äußeren Erdmaterials, das als der
Erdmantel bezeichnet wird. Atomphysikalische Berechnungen er-
härten, daß dieser Erdkern — im Gegensatz zu dem aus festem
Gestein bestehenden Erdmantel — ein flüssiges Gemisch von
Eisen und Nickel sein muß. Hier ist kein Spielraum für Hypothesen oder Zweifel gegeben. Man hat aber durch raffinierte Verfeinerungen der »Durchleuchtung« neuerdings auch beweisen können, daß der Mantel der Erde (abgesehen von der Besonderheit
der SIAL-Schicht) zwar bis zur Tiefe von etwa 400 km chemisch
homogen ist, aber von dort bis an den Kern hinunter chemische
Inhomogenität zeigt. Das spricht dafür, daß diese unter der soge-

nannten Byerly-Kugel (400 km tief) liegende Materie des Erdmantels ursprünglich — bei Bildung der Erde — in der Flüssigkeit des Erdkerns gelöst war und erst später (in einem zweifellos sehr langsam verlaufenen Vorgang) aus dem Erdkern auskristallisiert ist. Das mußte einen erheblichen Beitrag zur Expansion der Erde ergeben; und das ist sehr wichtig, weil wir eine unglaubhaft starke Veränderung der Gravitationskonstante G im Laufe der Erdgeschichte errechnen müßten, wenn die Verkleinerung von G der einzige und unmittelbare Grund der Erdexpansion wäre. Tatsächlich konnte schon allein diese »Entmischung« der Materie des Erdkerns einen Teil der Expansion bedingen.

Nur sehr kurz sei die Tatsache berührt, daß die Diracsche Hypothese auch für die Klimatologie der früheren Erdzeialter bedeutungsvoll ist. Diese Bedeutung wurde zuerst von dem Physiker Teller erkannt, der daraus einen Einwand gegen die Diracsche Hypothese ableiten zu müssen glaubte. Wenn G früher einmal merklich größer war als jetzt, so mußte damals auch die Leuchtkraft der Sonne größer — und zwar erheblich größer — gewesen sein. Teller leitete daraus ab, daß im Fall der Richtigkeit der Hypothese in früheren geologischen Zeiten die Erde zu heiß gewesen sein müßte, um organisches Leben tragen zu können.

Dagegen wandte ter Haar ein: Wenn in geologischer Frühzeit die Sonne wesentlich heißer schien als jetzt, so mußte sich damals eine starke, vielleicht niemals aufreißende Wolkendecke um die Erde gebildet haben. Unter dieser Decke konnten vielleicht doch tragbare Temperaturen die Entwicklung organischen Lebens erlauben.

Tatsächlich wissen die Geologen seit langem, daß es im Devon (350 bis 310 Millionen Jahre vor heute) ein auffällig gleichmäßiges Klima, ohne starke Unterschiede in verschiedenen Breiten, gab; und schon früher gab es Versuche, dies zu deuten durch die Vorstellung einer im Devon noch vorhanden gewesenen geschlossenen Wolkendecke. Andererseits bietet die Literatur über die Klimaverhältnisse der Steinkohlenzeit zahlreiche ähnliche Feststellungen, so daß die vom Verfasser ausgesprochene Vermutung, daß auch hier eine Stütze der ter Haarschen Überlegung zu finden sei, auf einem breiten Fundament zahlreicher Spezialisten-Aussagen beruht. (Ein Kritiker, der dies zunächst bestreiten wollte, fand es dann, wie er schrieb, »ermüdend«, daß ich eine erheblich vermehrte Sammlung unterstützender Zitate nach Paläobotanikern vorlegte.) Ein kenntnisreicher Meteorologe sah eine grundsätzliche Schwierigkeit in der Vorstellung einer geschlossenen Wolkendecke (obwohl es eine solche bekanntlich bei der Venus heute noch gibt): In heutiger terrestrischer Meteorologie müssen neben Tiefdruckgebieten, in denen die Luft aufsteigt, auch Hochdruckgebiete vorhanden sein, in denen die Luft absinkt, wodurch wolkenfreier Himmel entsteht. Man kann darauf antworten, daß die geschlossene Wolkendecke vorzustellen wäre als ein Gebiet sogenannter feuchtlabiler Schicht, in der sich turbulente Bewegungen ausbilden. Solche Verhältnisse kommen auch heute (in engerer Begrenzung) in den Tropen vor.

So scheint es mir, daß auch die paläoklimatologische Diskussion durchaus zugunsten der Dirac-Hypothese ausgegangen ist: Soweit aus der Annahme dieser Hypothese empirisch prüfbare Folgerungen entstehen, scheinen sie sich zu bestätigen. Das gilt insbesondere auch für eine die *Eiszeiten* betreffende Folgerung: Die alten Eiszeiten, vor allem die permokarbonische, scheinen sehr viel mächtigere Maßstäbe gehabt zu haben, als diejenigen des Diluviums; und abweichend von diesen letzteren war die permokarbonische Eiszeit vielleicht nicht auf die Polarzonen begrenzt. Hierzu hat sich erst kürzlich eine empirische Stütze ergeben, in Gestalt der unerwarteten Entdeckung, daß die heutige Sahara in früherer Zeit einmal ein riesiges Vereisungsgebiet gewesen ist. Beliebte Hypothesen einer angeblichen Polwanderung (diese Hypothesen scheinen mir weitgehend widerlegt) vermögen solche Tatbestände nicht zu erklären.

10. Organische Verstärkerwirkungen

Es haben bekanntlich viele Erörterungen stattgefunden über die Frage, ob oder wie das organische Leben gegenüber den sonstigen, den anorganischen Naturerscheinungen, grundsätzliche Besonderheiten bietet. Die mechanistische Naturauffassung, die in der älteren Entwicklung der Naturwissenschaften lange Zeit weithin unbestritten geblieben war und die ja unzweifelhaft durch die Klarheit und die greifbare Anschaulichkeit ihrer Vorstellungsweise der Forschung ungemein wichtige Hilfen geleistet hat, diese mechanistische Naturauffassung beantwortete die bezeichnete Frage mit einer Entschiedenheit, welche dem starr-dogmatischen Charakter der mechanistischen Philosophie entsprach. Alle Naturerscheinungen sollen und müssen dieser Philosophie zufolge aus den Gesetzen der Mechanik heraus erklärt werden, und das Biologische kann dabei keine Ausnahme bilden. Niemand bestreitet, daß die organischen Naturerscheinungen sich gegenüber allen anderen auszeichnen durch viel höhere Grade der Kompliziertheit, und daß sie deshalb jener vollständigen Aufklärung nach mechanischen Prinzipien große praktische Schwierigkeiten entgegensetzen. Entschieden aber bestreitet die mechanistische Philosophie, daß im Organischen grundsätzlich etwas vorläge, was nicht im Rahmen mechanischer Grundvorstellungen erklärbar wäre.

Gegenüber dieser dogmatischen Erledigung der Frage haben sich wiederholt gegenteilige Auffassungen zum Wort gemeldet. In ihrer älteren Form haben diese »vitalistischen« Lehren eine besondere »Lebenskraft« als unterscheidendes Charakteristikum der organischen Vorgänge gegenüber den anorganischen behauptet, ohne genauere Bestimmungen für die Eigentümlichkeit oder Wirkungsweise dieser Lebenskraft zu geben. Neuere Gedankengänge verwandter Richtung haben bekanntlich vor allem den Begriff der Ganzheit als entscheidend für die Verschiedenheiten anorganisch-mechanischen und organisch-lebendigen Reagierens hingestellt — obwohl allerdings andere Vertreter des Ganzheits-Gedankens diesen auch auf die anorganische Natur anwenden, so daß er dann nicht mehr zur Unterscheidung des Biologischen vom Mechanischen dienen kann. Allgemein haben aber diese Ganzheits-theoretischen Ansätze einen mehr philosophischen als naturwissenschaftlich-experimentellen Charakter: Die wenigen experimentellen Ergebnisse, welche durch die Ganzheits-Idee angeregt sind (Driesch), lassen sich nach Ansicht mechanistischer Biologen ohne weiteres den Auffassungen der mechanistischen Philosophie einordnen. Die ganze Erörterung ist daher bis heute in einem Schwebezustand unausgeglichener Meinungsverschiedenheiten geblieben.

Inzwischen hat die Frage nach dem Verhältnis organischer und unorganischer Naturgesetzlichkeit eine ganz neue Beleuchtung erhalten auf Grund der Wandlungen, die in den grundsätzlichen Vorstellungen der Physik eingetreten sind. Diese Wandlungen sind nach ihrer negativen Seite hin so zu kennzeichnen, daß die domatischen Lehren der mechanistischen Philosophie als schlechthin unzutreffend erwiesen sind: Man kann daher eine erneute Überprüfung der biologischen Problematik nicht umgehen. Jedoch bedeutet die Tatsache, daß die mechanistischen Lehren schon innerhalb der Physik nicht mehr als richtig anerkannt werden können, natürlich nicht etwa, daß nun für die Biologie die vitalistischen Lehren als zutreffend erwiesen seien; vielmehr ist eine ganz neue Durchdenkung der Frage erforderlich geworden, da ja die Fragestellung als solche nunmehr wesentlich verschoben ist. Deshalb wird eine Erläuterung der neuen, nunmehrigen Sachlage am besten eine unmittelbare Anknüpfung an die früheren Erörterungen ganz unterlassen; obwohl zweifellos aus dem literarischen Niederschlag des vielseitigen Meinungsstreites zur Frage Mechanismu-Vitalismus mancherlei wertvolle Anregungen und fruchtbare Hinweise noch immer entnommen werden können, so wird es doch für eine Darstellung der neuen Erkenntnisse vorteilhaft sein, gewissermaßen ganz von vorn anzufangen und die älteren Auseinandersetzungen zunächst unberücksichtigt zu lassen.

Im Erscheinungsbilde des organischen Lebens tritt uns in mannigfachen Formen etwas entgegen, was wir passend mit den Worten »Steuerung«, »Auslösung«, »Verstärkung« bezeichnen können; und wir wollen den organischen Verstärkerwirkungen eine etwas ausführlichere Betrachtung widmen, weil die (hernach zu berührenden) Ergebnisse der neuen Physik uns darauf hinweisen, daß gerade dieses Thema besondere Wichtigkeit besitzt. Aber auch abgesehen von diesen noch zu besprechenden Verbindungslinien zur Atomphysik darf das Thema der biologischen Verstärkerwirkungen beanspruchen, als eines der nicht nur reizvollsten, sondern auch bedeutungsvollsten für die ganze Biologie bewertet zu werden.

Um das Gemeinte zu verdeutlichen, knüpfen wir an ein besonders bekanntes und besonders auffälliges Beispiel an: Unsere Hirn- und Nervenzellen üben gegenüber den Funktionen der sonstigen Körperzellen eine sehr umfassende und vielseitige Steuerungswirkung aus. Das für den Begriff der Steuerung Wesentliche ist dabei, daß hier verhältnismäßig grobe Vorgänge, die mit erheblichen Umsetzungen von Energien und chemischen Stoffen verlaufen, gelenkt, gesteuert werden durch andere Vorgänge, welche viel feiner sind, sich an viel feinere Strukturen abspielen und unter viel geringeren energetischen und stofflichen Umsetzungen verlaufen — ähnlich also, wie der Steuermann eines Schiffes oder der Fahrer am Steuerrade eines Wagens mit seinen geringfügigen Bewegungstätigkeiten zum Lenker großer, energiereicher Vorgänge wird.

Man wird, dem Sprachgebrauch folgend, von »Steuerung« also nur dann sprechen, wenn eine Verstärkerwirkung vorliegt, also eine Lenkung grober, energiereicher Vorgänge durch feinere, übergeordnete. In diesem Sinne wird ja das Wort »Steuerung« allgemein benutzt in der Funktechnik, eine Bemerkung, die uns darauf hinweist, wie abwegig der gelegentlich von der Kritik unternommene Versuch war, die naturwissenschaftliche Benutzung des

Steuerungsbegriffes als unerlaubte Einführung von etwas »Mystischem« hinzustellen — wozu wohl nur solche Kritiker imstande waren, denen der Begriff »Kybernetik« noch unbekannt geblieben war. Manche Meteorologen vertreten die (allerdings umstrittene) Theorie, daß Vorgänge in der Stratosphäre die Wettervorgänge in der tieferen Troposphäre steuern — auch hier wird die Bezeichnung »Steuerung« angewandt auf Verhältnisse, die eine Verstärkungswirkung mit enthalten (da die dünne Stratosphäre gegenüber der dichteren Troposphäre viel energieärmer ist).

Wir wahren also Übereinstimmung mit dem allgemeinen Sprachgebrauch, wenn wir für unsere Zwecke den Steuerungsbegriff so definieren, daß eine Verstärkerwirkung wesentlich dazu gehört. Andererseits aber werden wir lieber von Auslösung statt von Steuerung sprechen, wenn es sich nicht um eine ständige, fortlaufende Lenkung handelt — für deren Zustandekommen ständig entsprechende Voraussetzungen gegeben sein müssen. Verstärkungsvorgänge in der Art von Auslösungen gibt es in der organischen und in der anorganischen Natur: Das Grundprinzip ihres Zustandekommens wird uns durch eine Lawine vorgeführt. An der rollenden Lawine vollzieht sich eine Vermehrung der von ihr mitgerissenen Masse; und indem diese Vermehrung jeweils proportional der schon in Bewegung geratenen Masse ist, vollzieht sich das Wachstum in so rascher Vergrößerung (mathematisch gesprochen: in exponentiellem Wachstum), daß auch aus sehr kleinem Anfang eine riesige Wirkung hervorgehen kann.

Nach gleichem Schema verläuft die Ausbildung von Blitzen oder Funkenentladungen; hier pflegt man deshalb von »Elektronenlawinen« zu sprechen. Es handelt sich hier ebenfalls zunächst um die Ausbildung eines instabilen Zustandes, welcher bedingt, daß ein einmal gebildetes freies Elektron stark beschleunigt wird und dann seinerseits weitere Elektronen frei macht, die ihrerseits das gleiche Spiel beginnen und so fort. Explosionen beruhen häufig (wie z. B. in der Atombombe) ebenfalls auf dem Lawinenprinzip.

Die Funktechnik spricht ebenso häufig wie von Steuerung auch von Verstärkung bzw. Verstärkern, ohne daß für eine scharfe Abgrenzung zwischen den Begriffen Dringlichkeit bestände. Verstärkerröhren etwa oder sonstige Verstärkeranlagen können nach verschiedenen Prinzipien gebaut werden — wie es überhaupt für die Verwirklichung von Steuerungen die mannigfaltigsten Möglichkeiten gibt. Die höchsten Verstärkerleistungen aber, die überhaupt in Betracht kommen — solche nämlich, bei denen ein Vorgang von mikrophysikalischer Feinheit, also ein atomphysikalischer Einzelvorgang, zu einem »makrophysikalischen« Vorgang verstärkt wird — solche Höchstleistungen an Verstärkung beruhen immer irgendwie auf Anwendung des Lawinenprinzips. So kann beispielsweise mit dem Geigerschen Spitzenzähler etwa das Auftreffen eines einzelnen Elektrons wahrgenommen werden, indem diesem Elektron Gelegenheit zur Auslösung einer Elektronenlawine gegeben wird. Oder in der Wilsonkammer, welche die Flugbahnen z. B. von Alphateilchen sichtbar macht, ist der Grundvorgang der »Kondensstreifen«-Bildung die Erzeugung eines lawinenmäßig anschwellenden Flüssigkeitströpfchens durch je ein einzelnes Elektron oder Ion.

Lawinenvorgänge kommen aber auch im organischen Leben vor — und sogar besonders leicht, weil hier ja die *Vermehrungsfähigkeit*, die, wie wir sahen, bei jeder Lawinenbildung unentbehrlich ist, *dauernd* besteht, während sie bei den Elektronen der Elektronenlawine, den Neutronen der Atombombe oder dem Schnee der Berglawine nur unter besonderen Umständen vorübergehend zustande kommt. Wenn ein einzelnes Samenkorn auf eine neue, vulkanische Insel kommt oder wenn ein Kaninchenpaar erstmalig in eine Landschaft mit günstigen Lebensbedingungen versetzt wird, oder wenn ein Bazillus oder etwa ein Molekül des Tabakmosaik-Virus in einen geeigneten Wirtskörper eindringt, so sind jedesmal Möglichkeiten lawinenmäßiger Vermehrung gegeben: Natürlich gehört es freilich zum Begriff der Lawine, daß der Vorgang exponentiellen Anschwellens nicht etwa ins Unbegrenzte weitergehen kann, sondern schließlich einmal irgendwie abgebrochen werden muß. Wenn wir also sagen dürfen, daß im organischen Leben auf Grund der natürlichen Vermehrungsfähigkeit der Lebewesen Lawinenvorgänge überall und immer wieder sich vollziehen, so ist hinzuzufügen, daß die Ausmaße der fraglichen Lawinen freilich von Fall zu Fall sehr verschieden sind.

Aber diese durch die Vermehrungsfähigkeit der Organismen bedingten Lawinenvorgänge sind keineswegs die einzigen Verstärkererscheinungen, die uns im biologischen Gebiet begegnen: Mindestens ebenso auffällig sind die Steuerungserscheinungen, von denen wir ja oben schon ein Beispiel erwähnten. Die neuere Entwicklung der biologischen Forschungen hat uns aber zahllose weitere Beispiele auffälliger organischer Steuerungen erkennen lassen. Insbesondere haben wir in das chemische Steuerungsgetriebe der Organismen vielerorts Einblick gewonnen: Zahlreiche Funktionen sehen wir heute teils angeregt oder ermöglicht, teils hinsichtlich ihrer Stärke geregelt und abgestimmt durch Wirkstoffe verschiedenster Arten, deren Gemeinsames darin liegt, daß hochspezifische, aber meist nur in geringer Menge benötigte Stoffe katalytisch eingreifen in verschiedenste Tätigkeiten. So unterstützt, um irgendein Beispiel herauszugreifen, Auxin das pflanzliche Wachstum, indem es in den Zellwänden die Verklebungen der großen Zellulosenmoleküle voneinander löst — in einem Vorgang, der zwar allmählich zu einem Verbrauch oder Verlust des Auxins führt, aber immerhin etwa 10 000 einzelne solche Trennungen durch je ein einziges Auxinmolekül ermöglicht. Da sich außerdem diese Wirkung ja auf eine dünne Zellwand, also auf einen annähernd nur zweidimensionalen Schauplatz bezieht, so können schon mit sehr geringen Auxinmengen deutliche, grobe Auswirkungen zustande kommen.

Die ungeheure Bedeutung katalytischer Vorgänge wird uns ja um so greifbarer, je tiefer wir uns in die organischen Feinvorgänge hinein begeben: Die Enzym-Chemie ist bereits zu einem eigenen Forschungszweig geworden; und die Fülle hormonaler Wirkungen, reguliert durch komplizierte Drüsensysteme, ist dem praktischen Mediziner nicht weniger wichtig und vertraut als dem biologischen Forscher. Alle diese katalytischen Wirkungen aber ermöglichen einschneidende Steuerungswirkungen — und werden tatsächlich zu solchen benutzt, in vielfältigen, hierarchisch verschachtelten Unter- und Überordnungen, auch im Zusammenwirken mit der Nerventätigkeit.

Das Grundschema einer katalytischen Wirkung — in ihrer Verschiedenheit von einer Lawinenwirkung — kann ja so beschrieben werden, daß zunächst (ebenso wie bei der Lawine) eine reaktionsbereite Instabilität vorhanden sein muß, und daß dann durch Heranbringen des Katalysators gewissermaßen ein Tor für die Reaktion geöffnet wird. Der Ablauf der Reaktion ist aber ein zeitlich gleichförmiger, dem die für die Lawine kennzeichnende Eigenschaft der Selbstverstärkung fehlt. Obwohl dies Schema keinesfalls ebenso auffällige Auslösungen erlaubt wie die Lawinenvorgänge, so bietet es doch ideale Verwirklichungsmöglichkeiten für das Prinzip der Steuerung — das Heranbringen oder Fernhalten winziger Mengen des Katalysators kann Vorgänge erheblicher Ausmaße lenkend ermöglichen oder unterbinden. Und man behauptet ja kaum zu viel, wenn man sagt, daß im chemischen Getriebe des Lebens praktisch jede Reaktion biokatalytisch gesteuert wird.

Das Zusammenspiel von Auslösungen und Steuerungen im lebenden Organismus, ermöglicht durch die alle sonstigen Naturgebilde weit überragenden Kompliziertheiten der organischen Strukturen, verleiht dem organischen Leben einen großen Teil der Eigentümlichkeiten, durch welche es sich so deutlich abhebt von der anorganischen Welt. Um diese hohe Bedeutung der hervorgehobenen Charakterzüge des Lebendigen voll zu würdigen, ist es nützlich, sich klarzumachen, daß gerade dasjenige, worauf das Wort »Ganzheit« hinzuweisen sucht (soweit dies Wort benutzt ist, um etwas spezifisch Biologisches, dem Anorganischen Fremdes zu bezeichnen), kaum anders präzisiert werden kann als im Sinne einer Steuerungseinheit. Die vielfältigen in der biologischen Erscheinungswelt beobachtbaren Abstufungen der »Individuation«, der Ausprägung eines ganzheitlichen, mehr oder weniger »unteilbaren Individuums« sind gekennzeichnet durch mehr oder weniger entwickelte Einheit und Geschlossenheit des entsprechenden Steuerungssystems: Die höhere Tierwelt mit ihrer Ausbildung von Hirn und Nervensystem zeigt eben damit auch eine entsprechend ausgeprägtere Individuation im Vergleich zur Pflanzenwelt, der eine ähnlich straffe Steuerungseinheit fehlt, und die in der lockeren Ungebundenheit ihrer vegetativen Fortpflanzungsmöglichkeiten eine so viel schwächere Ausbildung von »Ganzheit« vorführt.

Alle diese Verhältnisse lassen erst im Lichte der neuen, atomphysikalischen Erkenntnisse ihre volle Bedeutung sichtbar werden, aber wir wollen sie zunächst auf den Wegen der biologischen Forschung weiter verfolgen: Diese Wege führen uns sowieso unausweichlich von der Biologie zur Molekularphysik und Atomphysik hinunter.

Das gilt schon im rein morphologischen Sinne: Wenn wir ein organisches Gebilde zunächst mit freiem Auge betrachten, so gewinnen wir die Gewißheit, daß hier Strukturfeinheiten vorhanden sind, die sich unserer zu groben Beobachtung entziehen. Diese Sachlage kann aber auch durch irgendeine Vergrößerung niemals behoben werden: Wenn wir schrittweise zu immer stärkeren Mikroskopen oder Elektronenmikroskopen übergehen, so läßt uns jeder neue Vergrößerungsschritt auch neue Strukturfeinheiten finden und gibt uns zugleich die Überzeugung, daß eine nachfolgende nochmalige Verschärfung der Untersuchung uns abermals neue Feinheiten entdecken lassen wird. Wir wissen heute — so können wir den Ertrag weiter Gebiete der modernen Forschung zusammenfassend andeuten —, daß in dieser Stufenleiter der Strukturen nicht eher ein Abschluß erreicht wird, als bis wir über die mizellare und molekulare Stufe hinweg zu den Atomen und Elektronen hinunter gekommen sind. *Das Organische ist vollständig durchstrukturiert — bis zum abschließenden mikrophysikalischen Feinheitsgrad.* Diese von Staudinger betonte Tatsache unterscheidet das Organische schärfstens von jedem uns bekannten anorganischen Naturgebilde, wie etwa einer Wolke, einer Schneeflocke, einem Granitgestein.

Wir müssen uns freilich auch in diesem Punkte hier mit einem bloßen Hinweis begnügen, um diesen Aufsatz nicht zu einem Buche anschwellen zu lassen. Erwähnen wir unter den zahlreichen Einzelerkenntnissen moderner Forschungen, welche dem hervorgehobenen Satz seine Berechtigung und seinen Inhalt geben, hier lediglich die Tatsache, daß die früher üblich gewesene Kennzeichnung des Plasmas als eines »Kolloids« längst als sehr abwegig erwiesen ist: Die Durchstrukturiertheit des Plasmas ist uns bereits in erheblichem Umfang deutlicher sichtbar geworden, und wir wissen, daß hier keineswegs Ähnlichkeiten bestehen mit denjenigen Verhältnissen, die wir einerseits etwa bei einem Goldsol (mit in sich strukturlosen und individuell unregelmäßig verschiedenen Teilchen), andererseits etwa in einem Polyvinyl (mit langen Kettenmolekülen, deren individuell verschiedene Längen eine erhebliche statistische Streuung zeigen), oder schließlich bei festen Polymerisaten in der Art von Bakeliten (mit unregelmäßig dreidimensional verzweigten Valenzgerüsten, ohne Unterteilung der Gesamtmasse) finden. Vielmehr treffen wir in weiter Verbreitung vor allem unter den Eiweißstoffen chemisch und physikalisch (und sogar serologisch) wohldefinierte Substanzen, welche aus durchweg gleichen, klar abgegrenzten Molekülen bestehen — aber aus so riesigen Molekülen, daß bei manchen dieser Proteine oder Proteide Molekulargewichte von Millionen vorliegen: Es handelt sich also um Moleküle, die je bis zu Hunderttausenden von Atomen in sich enthalten, aber doch jeweils einen streng bestimmten Bauplan wahren, ohne individuellen Unregelmäßigkeiten Raum zu geben — wir stehen hier staunend vor wahren Dombauten der Valenzchemie.

Auch die kleinsten selbständigen organischen Individuen gehen bis zur Größenstufe dieser Riesenmoleküle hinunter. Der bekannte Meinungsstreit darüber, ob die kleinsten Viren — die sich eben als gleichsam nackte Proteid-Riesenmoleküle erwiesen haben — noch den »Lebewesen« zuzuzählen seien oder nicht, muß als ein bloßer Streit um Worte bezeichnet werden, da wir gar nicht über eine hinreichend scharfe Definition des Begriffes »Leben« verfügen, um diese Frage sinnvoll stellen zu können. Jedenfalls aber ist sicher, daß eine Abgrenzung der Viren, Phagen usw. von den echten Bakterien ebensowenig in sachgemäßer, willkürfreier Weise durchgeführt werden kann wie eine Abgrenzung des Tierreiches vom Pflanzenreich: In Wahrheit verschwimmen hier die Grenzen, da es zwischen der Größenstufe molekularer Viren, wie etwa des Tabakmosaikvirus, und echter Bakterien, etwa B.coli mannigfache Zwischenstufen gibt.

Die grundlegenden Eigenschaften aber, welche die molekularen Viren dem Reich der zellulären Lebewesen (Einzeller und Mehrzeller) anschließen, sind einerseits die Eiweißgrundlage — nirgends außerhalb des Organischen begegnet uns Eiweiß in der Natur — und andererseits die Vermehrungsfähigkeit, welche diese Virusmoleküle eben zu »Erregern« mit lawinenmäßiger Fortpflanzung macht. Diese Vermehrungsfähigkeit, welcher das Nichtvorkommen irgendeiner anderen Entstehungsweise dieser Moleküle zur Seite zu stehen scheint, wird hier im Falle nackter Einzelmoleküle passend mit einem der Chemie statt der Biologie entsprechenden Worte bezeichnet: Wir pflegen von »Autokatalyse« zu sprechen. Man wird sich naturgemäß den Verlauf der Autokatalyse so vorzustellen haben, daß jeweils ein »Muttermolekül«, das sich in geeigneter »Nährsubstanz« befindet — die sonst im organischen Leben auseinandergehenden Tätigkeiten von Ernährung und Fortpflanzung fallen in der hier vorliegenden »Simplifikation« in eine einzige zusammen — neben sich ein ihm gleichendes »Tochtermolekül« aufbaut. Diese Vorstellung hat experimentelle Stützen gefunden einerseits in dem Nachweis, daß grundsätzlich ein einziges Virusmolekül — weil zur Auslösung einer Vermehrungslawine befähigt — eine Infektion vollziehen kann; andererseits in der Auffindung gewisser Beispiele zusammenliegender Virusindividuen, die vermutlich als Ergebnis eines solchen Aufbaus von Tochtermolekülen gedeutet werden dürfen.

Es sprechen viele Gründe dafür, daß autokatalytische Vorgänge im Innengetriebe der Organismen sehr verbreitet und bedeutungsvoll sind. Die Chromosomen und ihre Gene entstehen bestimmt in solcher autokatalytischer Weise — darauf beruht ja die ganze

Gesetzlichkeit der Vererbung — abgesehen von den begleitenden Effekten »plasmatischer« Vererbung, die aber ebenfalls auf dem Vorhandensein von nur durch Autokatalyse erzeugbaren Strukturelementen (in der Art von Chloroplasten, Mitochondrien usw.) zu beruhen scheinen. Es sprechen aber viele Einzeltatsachen aus der Enzymforschung, aus der Serologie und anderen Gebieten biochemischer und biophysikalischer Forschung sehr dafür, daß vielleicht ganz grundsätzlich die Erzeugung von Eiweiß (aus den Aminosäuren) auf Autokatalysen beruht oder mindestens zum wesentlichen Teil durch Autokatalysen mitbedingt ist. So daß also in das Getriebe der stationären Lebenstätigkeit überall Vermehrungsvorgänge eingebaut sind — wie ja auch, um auf ein größeres Beispiel hinzuweisen, das Wachstum der Mehrzeller sich durch Vermehrung ihrer Zellen vollzieht; und ein Krebsgeschwür zeigt uns ja, wie der Vorgang der Zellvermehrung in einen Lawinenvorgang ausarten kann: Bekanntlich ist mit guten Gründen die Theorie vertreten worden, daß eine in nur einer einzigen Zelle geschehene »somatische Mutation«, die eine maligne Zelle entstehen läßt, die Auslösung einer Geschwulstbildung bedeuten kann.

Der ganze Kreis der Tatsachen, welche wir hier berührt haben — nur in flüchtigsten Andeutungen, die aber dem biologisch-medizinischen Kenner das Gemeinte ohne weiteres vor Augen stellen werden —, drängt auf eine bestimmte Schlußfolgerung hin. Offenbar gehört es zum Wesen des Organischen, offenbar ist alles in Bau und Tätigkeiten des Lebendigen darauf angelegt, *Verstärkerwirkungen höchsten Grades* zu ermöglichen, sowohl im Sinne der Steuerung als auch der Auslösung.

Wenn wir hier sagen, es sei alles »darauf angelegt«, so soll mit dieser Ausdrucksweise noch keineswegs Stellung genommen werden zu der schwierigen, vorläufig wohl wissenschaftlich noch ganz unangreifbaren Frage, ob im organischen Leben wirklich besondere, nicht mehr physikalisch-chemisch verstehbare Wirksamkeiten »teleologischer« oder »entelechialer« Art am Werke sind, oder ob das Ineinandergreifen von autokatalytisch begründeter Vermehrungsfähigkeit einerseits und Selektion andererseits ausreichende Erklärungsunterlagen bietet. Sondern wir meinen jetzt augenblicklich lediglich, daß es offenbar zu den unentbehrlichen Existenzerfordernissen des organischen Lebens gehört, die oben betonte »vollständige Durchstrukturiertheit« zu besitzen und durch sie auch zum Äußersten gesteigerte Steuerungsleistungen möglich zu machen. Die Tatsache, daß anscheinend in weitestem Umfang auch Autokatalysen, also Lawinen-Vorgänge, als Steuerungsmittel in Anspruch genommen werden, weist ja darauf hin, daß hier sogar — wie beim oben betrachteten Geigerschen Zählrohr — der ungeheure Abstand von mikrophysikalischen Einzelvorgängen zu makrophysikalischem Grobgeschehen überbrückt werden könnte: Und das ist in der Tat der Fall.

Diese Tatsache, in welcher die — man möchte fast sagen: überwältigende Merkwürdigkeit und Erstaunlichkeit des organischen Lebens ihren vom physikalischen Standpunkt auffälligsten Ausdruck findet, kann hier wiederum nur in Andeutungen erläutert werden; die vorangegangenen Betrachtungen werden trotzdem die weitreichende Bedeutung dieser Tatsache erkennen lassen. Wir haben hier vor allem des großen und wunderbaren Erkenntnisgebäudes der modernen Genetik und Mutationsforschung zu gedenken, zu dessen Ausbildung Morgan, Muller, Timofeeff-Ressovsky und Beadle so bahnbrechend beigetragen haben. Wir erkennen heute nicht nur die Lokalisierung der Mendelschen Erbfaktoren in den perlschnurartig angeordneten Genen der Chromosomen, sondern wir wissen auch, daß diese Gene ähnlich den Virus-Molekülen vorzustellen sind: Jedes Gen ein einzelnes Molekül, jede Gen-Mutation ein einzelner Quantensprung, am Genmolekül bewirkt etwa (bei Mutationserzeugung durch Röntgen- oder Neutronen-Strahlung) durch die Abreißung eines einzigen Elektrons. Diese mikrophysikalischen Gebilde und Ereignisse üben aber Steuerungen aus, deren gewaltige, für die entstehenden organischen Individuen schicksalsmäßige Folgewirkungen keiner besonderen Erläuterung bedürfen. Erwähnen wir nur, daß, seitdem Beadle und seine Mitarbeiter der Drosophila-Genetik eine Neurospora-Genetik zur Seite stellten, der Anfangsschritt dieser Steuerungen weitgehend durchsichtig geworden ist: Jedes intakte Gen ermöglicht das Zustandekommen je eines bestimmten Enzyms. (Seit der Aufstellung des Gen-Modells von Crick und Watson konnten weitreichende neue Klärungen erzielt werden.)

Analog konnte man auch aus der Untersuchung der Tötung von Einzellern, vor allem Bakterien, durch Strahlungen, durch gewisse Gifte usw. den Schluß ziehen, daß hier Steuerungsverhältnisse vorliegen, welche das Gesamtschicksal der Zelle abhängig machen von der Intaktheit eines Steuerungsorgans von mikrophysikalischer Feinheit. Man empfindet die phantastische Erstaunlichkeit dieser Feststellung, wenn man sich klar macht, daß schon eine kleine Bakterienzelle etwa eine Billion einzelner Atome enthält: Trotzdem ist ihr Gesamtreagieren entscheidend zu beeinflussen z. B. durch ein einziges Phenolmolekül, welches das Steuerungsorgan der Zelle angreift. Man hat hernach auch mit morphologischen Methoden das durch Jahrzehnte bestrittene Vorhandensein von Zellkern-ähnlichen Gebilden in Bakterien sicherstellen können; und neuestens hat man die Methoden und Begriffe der Genetik und Mutationsforschung erfolgreich auf die Bakterien ausgedehnt — damit ausführlichst das Vorhandensein echter kleiner Zellkerne auch hier beweisend.

Aber in höheren tierischen Vielzellern finden wir schicksalsentscheidende Steuerungen aus dem Mikrophysikalischen heraus nicht nur insofern, als jedes Individuum einmal aus zwei Keimzellen hervorgegangen ist — oder andererseits auf Grund einer somatischen Mutation von einer Krebserkrankung überfallen werden kann — sondern wahrscheinlich auch insofern, als die Hirn- und Nervenvorgänge teilweise von mikrophysikalischer Feinheit sein dürften. Wir vermögen das allerdings heute erst in kleinstem Umfang zu beweisen; doch wissen wir immerhin, daß beim dunkeladaptierten menschlichen Auge schon zwei Lichtquanten eine Helligkeitsempfindung hervorrufen können. Endlich aber sehen wir schon heute eine entscheidende Wirksamkeit mikrophysikalischer Auslösungen im historischen Großgeschehen der Phylo-

genie — in der sich anscheinend in weitem Ausmaß gewisse ganz
seltene, jeweils nur einmalig verwirklichte Mutationen in lawinenmäßiger Fortpflanzung durchgesetzt haben.

Die modernsten der in diesem Bericht berührten biologischen
Erkenntnisse sind errungen im Zusammenwirken mit der physikalischen Forschung; und die moderne Quantenphysik hat abschließend dazu ein Wort zu sagen. Sie hat uns zu der tiefgrün-
digen Einsicht geführt — deren nähere Erläuterung oder gar Begründung hier nicht ausgeführt werden kann —, daß in der Stufe
der Mikrophysik das uns sonst gewohnte Kausalitätsprinzip seine
Gültigkeit verliert, und daß hier Naturgesetze eines ganz anderen
Typs gelten: Statistische Primärgesetze, die zwar das Durch-
schnittsgeschehen zahlloser Wiederholungen festlegen, aber dem
individuellen mikrophysikalischen Einzelvorgang eine unaufheb-
bare Entscheidungsfreiheit offenlassen.

Die Tatsache, die uns in diesem Aufsatz beschäftigte, die Steuerung des organischen Geschehens aus dem Mikrophysikalischen
heraus, gewinnt damit eine naturwissenschaftlich und philosophisch außerordentliche Bedeutung: Sie besagt, daß auch das organische Leben nur teilweise innerhalb der Kausalgesetzlichkeit verläuft, aber gerade in seinen wesentlichen Entscheidungen akausal
verfährt. Damit ist — obwohl auf ganz anderen Wegen, als der
Vitalismus alten Stils es versuchte — dasjenige Bild, mit welchem
die mechanistische Philosophie das Leben darzustellen glaubte,
endgültig als zu eng erwiesen.

11. Biologie aus dem Blickwinkel der Physik

Die Naturwissenschaften haben sich zwar in der modernen Entwicklung zunehmender Spezialisierung in eine wachsende Zahl von Sondergebieten aufgliedern müssen. Dennoch bilden sie auch weiterhin ein in sich zusammenhängendes Ganzes, so daß bedeutende Fortschritte, die an der einen Stelle gelingen, ihre Folgewirkungen in verschiedensten anderen Gebieten nach sich ziehen. Seit Beginn des jetzigen Jahrhunderts ist insbesondere die Physik ein Schauplatz umwälzender Erkenntnis-Entwicklungen gewesen, die uns weit hinaus geführt haben über diejenigen Denkweisen, welche am Jahrhundertbeginn nicht nur unbestritten waren, sondern auch weithin als unabänderlich angesehen wurden. Es ist deshalb eine naheliegende Frage, ob und wie weit die erzielten neuen Erkenntnisse — wobei es sich nicht nur um viele Einzelergebnisse handelt, sondern vor allem auch um neue naturwissenschaftliche Denkformen — uns möglicherweise helfen können, in unserem Verständnis der organischen Naturerscheinungen neue Fortschritte anzubahnen.

Die Naturwissenschaften »Biologie« und »Physik« — wobei wir den letzteren Begriff jetzt einmal in seinem weitesten Sinne nehmen wollen, der auch die Chemie mit einschließt (grundsätzlich sind ja die chemischen Bindungskräfte durch die Atom- und Quantenphysik erklärbar geworden) — zeigen freilich auf Grund der Eigenart ihrer Gegenstände zum Teil auch solche Verschiedenheiten, die wohl kaum durch irgendeine Weiterentwicklung verwischt werden können. Während für die Physik alle Bemühungen hinzielen auf die Aufdeckung allgemeiner Naturgesetze, die nicht nur unter der mannigfachsten Laboratoriums-Bedingungen immer wieder bestätigt werden können, sondern auch Anwendung auf die Naturvorgänge auf anderen, sehr fernen Himmelskörpern erlauben, besteht ein großer Teil des Inhalts biologischer Wissenschaften in der beschreibenden Erfassung der mannigfachen Arten von Lebensformen, die sich seit der Frühzeit der Erdgeschichte auf diesem Planeten gebildet haben. Während in der modernsten Entwicklung der Physik der kühne Versuch unternommen werden konnte, aus einer umfassenden »Weltformel« deduktiv abzuleiten, welche Arten von Elementarteilchen (und mit welchen Eigenschaften) existieren müssen, wird niemand den Versuch als denkmöglich ansehen, deduktiv zu bestimmen, welche biologischen Arten im Laufe der geologischen Geschichte auftreten mußten.

Einer der bedeutendsten Physiker unseres Jahrhunderts, W. Pauli, hat einmal (brieflich) formuliert, daß die Physik zu einmaligen Ereignisse nichts zu sagen vermöge — erst die vielfache Wiederholung gleichartiger oder ähnlicher Vorgänge erlaubt die Feststellung einer darin auftretenden *Gesetzlichkeit*. Dementsprechend beschränken sich große Teile der Literatur biologischer Wissenschaften auf reine Beschreibung, die zwar, indem sie den Arten von Tieren und Pflanzen (rezent oder fossil) gilt, immerhin auf große Zahlen artgleicher Individuen zielt, aber doch das Einmalige so stark berücksichtigen muß, daß zur Erkennung von Gesetzlichkeit kaum Gelegenheit bleibt.

Die Probleme des Einmaligen im Vergleich zu denen des Gesetzmäßigen sind übrigens vor längeren Jahrzehnten bereits von philosophischer Seite eingehend erörtert worden. Dabei war jedoch der unglückliche Gedanke unterlaufen, daß diese Unterscheidung wesentlich zu tun hätte auch mit dem Unterschied von Naturwissenschaft und Geisteswissenschaft. Dieser Gedanke enthält eine vollkommene Verkennung des umfangsmäßig größten Teiles der Naturwissenschaft, welche in Biologie, Geologie usw. große Kapitel von historischem Charakter enthält, und nur in den physikalischen Wissenschaften der Idee ausschließlicher »Gesetzes-Wissenschaft« entspricht.

Jedoch bieten sich im Rahmen biologischer Wissenschaften auch zahlreiche Möglichkeiten, Lebenserscheinungen nach dem Schema physikalischer Wissenschaften zu untersuchen; und auf die in solcher Anwendung der Physik (und Chemie) auf Biologisches entstehenden Fragen soll im Nachfolgenden die Betrachtung eingeschränkt werden.

Wir verdanken der Quantenphysik bekanntlich eine neue, vertiefte Auffassung des Kausalitätsproblems; auch ist im Zusammenhang der diesbezüglichen Erwägungen eine bedeutungsvolle neue Erkenntnis entstanden, die zuerst in den Heisenbergschen sogenannten »Ungenauigkeitsregeln« ihren Ausdruck fand, und dann in allgemeiner Fassung von Bohr unter der Bezeichnung »Komplementarität« ausführlich besprochen worden ist. Bohr hat auch selber die Überzeugung vertreten, daß mit diesem Begriff ein wichtiges neues Hilfsmittel der biologischen Vorstellungsbildung gewonnen sei. Wir werden auf diese Verhältnisse im Folgenden einzugehen haben, ziehen es aber vor, zunächst an diejenigen Auffassungen zu erinnern, welche sich vor der Entstehung der Quantenphysik im Gebiete der Biologie ausgebildet hatten.

Im vorigen Jahrhundert hatte vor allem die biologische Entwicklungslehre mächtig darauf hingedrängt, auch die biologischen Naturerscheinungen als naturgesetzlich bedingt und somit auch der naturwissenschaftlichen Erkenntnis verstehbar anzunehmen. Die einfachste — und durch ihre Einfachheit bestechende — Konkretisierung dieser Überzeugung war die Vorstellung, daß ein lebender Organismus und seine Funktionen restlos zu verstehen seien als Ergebnis der sich in seinen (freilich komplizierten) Strukturen abspielenden Vorgänge physikalischer Art (womit also hier und im Folgenden stets gemeint sein soll: physikalischer und chemischer Art). Man hat diese Vorstellung oft als die »mechanistische« bezeichnet. Viele damalige Verfasser haben die unausweichliche Richtigkeit dieser Vorstellung als eine nahe triviale Selbstverständlichkeit angesehen; andere haben ihr den Nachdruck einer emotional betonten weltanschaulichen Überzeugung verliehen. Der biologische Philosoph Driesch hat später diese Vorstellung als die »Maschinentheorie der Organismen« bezeichnet. Positiv hatte — schon lange vor der Gestaltung der Entwicklungslehre durch Darwin und Haeckel — der Philosoph Lamettrie diese

166

Maschinentheorie der Organismen präzisiert und befürwortet in seinem 1748 erschienenen Buche »L'homme machine«. Im Laufe des neunzehnten Jahrhunderts haben jedoch verschiedene Biologen die Richtigkeit dieser Theorie bezweifelt und Versuche vorgetragen, eine abweichende Beurteilung zu begründen. Diese unter sich teilweise recht verschiedenen Denkansätze sind oft zusammenfassend als »Vitalismus« bezeichnet worden.

Eine Entscheidung über die Zulänglichkeit oder Unzulänglichkeit der mechanistischen oder Maschinentheorie der Organismen konnte natürlich erst nach einer wirklich präzisen Formulierung des Grundinhalts dieser Theorie angebahnt werden; und diese Präzisierung konnte erst dann gelingen, als die Quantenphysik gezeigt hatte, daß die Kausalitätsvorstellung der älteren Physik unzulänglich war. Nach der mechanistischen Theorie sollte jedenfalls jeder lebende Organismus einer lückenlosen Determinierung unterworfen sein — da man im vorigen Jahrhundert überhaupt noch keine Beispiele eines nicht perfekt kausalen, aber dennoch durch klare Gesetzmäßigkeiten ausgezeichneten Naturgeschehens kannte, so schien es selbstverständlich, aus der Überzeugung vom naturgesetzlichen Charakter der biologischen Erscheinungen auch ihre lückenlose Determinierung abzuleiten. Diese Determinierung — also eindeutige Bestimmtheit künftiger Vorgänge durch den vorher gegeben gewesenen Zustand — ist ja, wie wir heute deutlicher als früher zu sehen vermögen (jedoch hat auch David Hume dies bereits klar erkannt), das einzige reale Kriterium vorhandener Kausalität. Heisenbergs Aussage, daß die Quantenphysik die definitive Widerlegung des Kausalitätsprinzips ergeben habe, ist also gleichbedeutend mit der Aussage, daß das reale Vorkommen von Indeterminiertheit im Naturgeschehen nachgewiesen ist.

Mit diesem Nachweis hört nun auch für die Biologie die lückenlose Determinierung (= Behauptung der »Maschinentheorie der Organismen«) auf, eine notwendige Folgerung aus der Anerkennung naturgesetzlichen Verlaufes der Lebenserscheinung zu sein. Wenn sogar schon in der rein physikalischen Erscheinungswelt indeterminiertes Geschehen vorkommt, dann wird es zu einer nur empirisch zu entscheidenden Frage, ob die Organismen zu denjenigen Naturdingen gehören, bei welchen Indeterminiertheit vorkommt, oder ob sie nicht dazu gehören.

Die Physik führt in ihrem eigenen Bereich bekanntlich die Unterscheidung zwischen Mikrophysik und Makrophysik durch: Nur im Bereich der letzteren ist die Anwendung der Kausalitätsvorstellung alter Art zulässig. Dagegen gelten für die Einzelreaktionen mikrophysikalischer Gebilde lediglich statistische Gesetze — das kausale Verhalten makrophysikalischer Gebilde oder Vorgänge ist als Folge dieser statistischen Gesetze zu verstehen. Denn definitionsgemäß befinden wir uns in der Makrophysik, sobald wir lediglich die Durchschnittsverhältnisse oder Mittelwerte an großen Kollektiven gleichartiger mikrophysikalischer Individuen betrachten — daß diese Mittelwerte in den allermeisten Fällen vorausbestimmt sind, ist ja gerade der Inhalt der Aussage, daß die einzelnen Quantensprünge statistischen Gesetzen gehorchen.

Unsere Frage, ob in den Reaktionen der lebenden Organismen lückenlose Determiniertheit vorliegt, oder im Gegenteil ein in gewissem Umfang »spontanes« Geschehen (das Wort »spontan« wird üblicherweise innerhalb der Quantenphysik ausdrücklich verwendet), läuft also darauf hinaus, ob die organischen Reaktionen als makrophysikalisch, d. h. als durch Mittelwerte charakterisierbar und durch solche bedingt, zu bezeichnen sind; und dies ist eine echte naturwissenschaftliche Frage — eine Frage, die nicht anders, als auf Grund ausreichender empirischer Unterlagen geklärt werden kann. Sie ist beantwortet worden durch zahlreiche empirische Befunde, deren Einzelheiten nicht in einem Aufsatz, sondern nur in einem Buch besprochen werden könnten. Nur zwei Bereiche dieser Erfahrungstatsachen sollen hier angedeutet werden. Es handelt sich A um gewisse präzise Einzelergebnisse biophysikalischer Untersuchungen; und B um eine Erfahrung sehr umfassenden und allgemeinen Charakters.

Der Punkt A kann erläutert werden an dem Beispiel der Tötung von Bakterien durch ultraviolettes Licht — wozu schon vor geraumer Zeit durch Wyckhoff bedeutungsvolle Feststellungen ge-

macht sind. Die Versuchstechnik besteht darin, die fraglichen
Bakterien auszustreuen auf einen Nährboden, auf welchem sich
ohne Bestrahlung jedes von ihnen etwas später zu einer kleinen
Kolonie ausgewachsen hat. Nach Einwirkung einer gewissen
Strahlendosis jedoch erweist sich ein gewisser Prozentsatz als »getötet« in dem Sinne, daß diese Individuen nicht mehr zur Teilung
schreiten. (Dabei muß »getötet« noch nicht die Bedeutung von
»endgültig getötet« haben — unter Umständen kann ein Teil der
fraglichen Einzeller durch chemische Einwirkung zu einer Regenerierung gebracht werden, was irrigerweise gelegentlich als Einwand gegen die jetzt zu besprechenden Folgerungen angesehen
wurde.) Auszählung der »getöteten« Individuen zeigt dann (bei
geeigneten Versuchsbedingungen, die aber in weitem Umfang angetroffen werden), daß die statistische Rate der Überlebenden
eine Funktion der Strahlendosis ist (bei gegebenem Spektrum
der Strahlung), und zwar eine Exponentialfunktion, derart, daß
bei zeitlich konstanter Intensität die Rate der Überlebenden nach
dem gleichen Grundgesetz zeitlich abnimmt, wie die Anzahl un-
zerfallener Atome in einem Radiumpräparat.

Die klare Feststellung, die damit gegeben ist (auf ihre zahlreichen in der Literatur aufgetauchten Anfechtungen auf Grund
vielfältiger Mißverständnisse sei hier nicht eingegangen), kann
so ausgesprochen werden: Jedes der »getöteten« Bakterien wurde
getötet durch die Absorption eines einzigen Lichtquants $h\nu$. Zwar
wirkt durchaus nicht jedes im Bakterium absorbierte Lichtquant
tötend — im Gegenteil können Millionen von Lichtquanten absorbiert werden ohne das Ergebnis der Tötung. Aber diese ergibt
sich tatsächlich durch die Absorption nur eines Lichtquants; und
weitere empirische Einzelheiten zeigen, daß dieses eine Lichtquant eine »Mutation« veranlaßt hat, in einem Zellkern-ähnlichen
Gebilde des Bakteriums. (Die Existenz von Zellkernen in Bakterien wurde vor Jahrzehnten von den Spezialisten ausdrücklich
geleugnet, ist aber in moderneren Untersuchungen auch morpho-
logisch klar erwiesen worden.)

Die angedeuteten Ergebnisse sind kennzeichnende Beispiele

für empirische Feststellungen, die in großer Mannigfaltigkeit und in weitem Umfang erzielt worden sind. Statt Ultraviolett kann man z. B. auch ionisierende Strahlungen benutzen, und bei Benutzung von Alpha-Strahlen oder Neutronenstrahlen ist geradezu eine Größenbestimmung des zellkern-ähnlichen Gebildes möglich, deren Größenordnung aber auch schon aus Vergleich harter und weicher Röntgenstrahlung erkannt werden kann. Auch z. B. bei manchen Giftwirkungen ergibt sich das Schema der »Ein-Treffer-Tötung«, welches dann beweist, daß ein einziges Molekül des Giftes (z. B. Phenol) durch Reaktion mit dem »Zellkern« die tötende »Mutation« vollzog. Statt der Bakterien sind auch sonstige Einzeller in vielen ähnlichen Experimenten untersucht (z. B. auch mit Ultraschall). Ferner erwiesen sich analoge Verhältnisse bei der Erzeugung von Mutationen in den Keimzellen höherer Organismen. Natürlich kann man auch viele solche Beispiele finden, bei denen statt der »Ein-Treffer-Reaktion« kompliziertere Vorgänge eintreten. Doch diese sind weniger lehrreich. In gewissen Insektenversuchen hat man die Erzeugung einer Lichtempfindung des Tieres (bzw. seiner entsprechenden Reaktion) durch ein einzelnes Lichtquant nachweisen können. Das dunkeladaptierte menschliche Auge hat eine zwar etwas geringere, aber nur wenig geringere Empfindlichkeit für schwächste Lichtreize.

Zu Punkt B ist ein von Staudinger ausgesprochener Satz zu erwähnen, welcher besagt, daß in der Materie der Organismen *alles bis zum Molekül hinunter durchstrukturiert* ist. Wir können jede menschlich konstruierte Maschine zerlegen in Teilstücke, die (in mehr oder weniger guter Approximation) den Begriff der »homogenen Substanz« verwirklichen; aber wir finden in einem Organismus nirgends ein Stück homogener Substanz — wo ein solches auffindbar scheint, erweist es bei Anwendung schärferer Beobachtungsmittel eine neue Feinstruktur, die den vorher gebrauchten, weniger auflösenden Mikroskopen usw. noch nicht erkennbar war. Diese durch die ältere Gesamterfahrung der biologischen Strukturforschung in breitester Weise gerechtfertigte (und daraus durch Staudinger abstrahierte) Aussage hat schlagende Bestätigung erfahren, als die Elektronen-Mikroskope noch einmal einen neuen Größenordnungsbereich äußerster biologischer Feinbautatsachen zugänglich machten. Man kann danach den Staudingerschen Satz geradezu als erstmalig gelungene naturwissenschaftliche Definition der biologischen Gebilde im Unterschied von den anorganischen betrachten — obwohl man in einer Taschenuhr in den Metallstücken etwa der Räder noch eine gewisse mikrokristallinische Feinstruktur (elektronenmikroskopisch) erkennen kann, so ist diese doch ohne Bedeutung für die Funktionsweise der Taschenuhr — im Organismus hingegen sind die äußersten Verfeinerungen des Aufbaus bis zu den molekularen Feinbaueinheiten hinunter von maßgeblicher Bedeutung für den Ablauf der Lebensvorgänge.

Diese durch den in Staudingers Satz ausgesprochenen Sachverhalt gegebene hochgradige Strukturfeinheit der Materie organischer Lebewesen ist die Unterlage dafür, daß sich in den Organismen Steuerungszusammenhänge, kybernetische Zusammenhänge ergeben können, welche die unter A erwähnten erstaunlichen Tatsachen ermöglichen — wir sahen ja dort, daß Organismen — hierin den besten »Verstärkerapparaturen« gleichkommend — unter Umständen mikrophysikalische Einzelakte, einzelne Quantensprünge, zur steuernden Verursachung großer, grober Reaktionen werden lassen. In eigentümlicher Weise verwirklicht also das organische Leben Gebilde, die weder der Makrophysik noch der Mikrophysik ganz angehören, sondern diese beiden — in der reinen Physik gedanklich streng zu trennenden — physikalischen Erscheinungsweisen miteinander verbinden und ineinander verweben, den weiten Abstand ganz verschiedener Größenordnungen durch Steuerungs- und Verstärkungswirkungen überbrückend.

Indem aber gerade solche Vorgänge steuernde Bedeutung haben — wie Gehirnvorgänge, deren erstaunlicher Feinheitsgrad durch die erwähnten Ergebnisse betreffs der Lichtempfindlichkeit höherer Organismen gezeigt wird — ergibt sich, daß die Biologie in der Tat recht weit davon entfernt ist, in ihren Individuen eine geschlossene, lückenlose Determinierung zu verwirklichen (obwohl eine solche, nach Ausweis der klassischen, ganz auf Makrophysik beruhenden Physiologie natürlich in erheblichem Umfang vorhanden ist). Man kann also ein gewisses Maß von Spontaneität, die Zwangsläufigkeit determinierter Abläufe durchbrechend, als ebenso zuverlässig bewiesene Eigenschaft der Lebewesen bezeichnen, wie man nach Heisenberg von der mikrophysikalischen definitiven Widerlegung des Kausalitätsprinzips sprechen kann.

In der neueren Literatur ist oft versucht worden, die großen Erfolge der kybernetischen Forschungen als Argument zugunsten einer dem besprochenen Ergebnis gegenteiligen Schlußfolgerung zu deuten. Da wir auf dem Wege sind, in der Schaffung von Robotern und ähnlichen Maschinen immer bessere Ergebnisse zu erzielen — über die schon erreichten, zweifellos bewunderungswürdigen Erfolge hinaus — so glauben manche Verfasser, daß hier der Weg beschritten sei, der berühmten These Lamettries endlich einen vollgültigen Richtigkeitsbeweis zu verschaffen durch künstliche Konstruktion von Robotern, die in immer vollkommenerer Approximation Lebewesen imitieren.

In diesem Zusammenhang muß die gewichtige Tatsache verzeichnet werden, daß der geniale Mathematiker J. v. Neumann auf Grund seiner eigenen Beschäftigung mit kybernetischen Forschungen das Konstruktions-Schema einer *vermehrungsfähigen* Maschine entwickeln konnte. Dieses Ergebnis ist auch deshalb für unser Thema bedeutungsvoll, weil Driesch, den wir schon erwähnten, seinerzeit geglaubt hatte, daß die Fortpflanzungsfähigkeit der Organismen bereits einen Beweis gegen die Maschinentheorie der Organismen gebe: Diese Meinung wird als unhaltbar erwiesen dadurch, daß es möglich ist, eine Maschine zu konstruieren, welche aus vorgefertigten Bauteilen, die ihr geliefert werden, eine ihr selbst gleichende »Tochter-Maschine« aufbauen kann.

Trotzdem ist es irrig, zu meinen, daß die fortschreitende Verbesserung unserer Roboter-Konstruktionen eine Approximation an die Konstruktion »künstlicher Organismen« ergeben könnte. Und zwar liegt die hier auftretende Schranke — welche für alle Zukunft unüberschreitbar bleibt — in der ungeheuren Kompliziertheit lebender Organismen, wie sie garantiert wird durch den oben besprochenen Staudingerschen Satz. Es ist von W. Elsasser bereits in geistreichen Überlegungen hervorgehoben worden, daß beim Vergleich der biologischen Systeme mit solchen, wie sie in der statistischen Mechanik betrachtet werden, ein fundamentaler Unterschied zutage tritt. Während wir uns für ein statistisch-thermodynamisches physikalisches System denken können, daß der zugehörige »Phasenraum«, dessen Punkte die möglichen Zustände des betrachteten Systems darstellen (z. B. möge es sich um eine Gasmasse handeln) mindestens teilweise durch die Darstellungs-Punkte eines vorgegebenen großen Kollektivs solcher Systeme »gefüllt« wird (mit schon vielen Systemen, deren Darstellungs-Punkte in einem vorgegebenen nicht zu kleinen Teilstück des Phasenraumes liegen), kann im biologischen Fall jedes reale Kollektiv z. B. von Drosophila-Fliegen nur eine winzige Teilmenge der Menge aller Zustandsmöglichkeiten der fraglichen Fliegenart verwirklichen. Denn die gedachte Menge aller verschiedenen Mutanten der Fliege ist so groß, daß ein alle diese Mutanten enthaltendes »Museum« nicht einmal in Gedanken vorgestellt werden könnte, ohne daß man sich zu diesem Zweck auch einen Kosmos vorstellen würde, dessen Maße ungeheuer groß sein müßten im Vergleich zu den heute als einigermaßen wahrscheinlich anzusehenden Maßen des realen astronomischen Weltalls. Es wird ja heute von vielen Astronomen und Physikern als wahrscheinlich angesehen, daß der Weltraum — im Sinne nichteuklidischer Geometrie — ein endliches Fassungsvermögen besitzt, durchaus im Gegensatz zu der alten Lehre des Giordano Bruno vom unendlich großen Weltraum. Das Volumen dieses Raumes kann in ganz roher Schätzung als ungefähr 10^{84} ccm (also eine 1 mit 84 Nullen dahinter) angegeben werden; und die darin enthaltene Materie, die dann also ebenfalls endliche Menge haben müßte, ist auf ungefähr 10^{56} Gramm zu schätzen. Aber für die Anzahl denkbarer verschiedener Mutanten von Drosophila-Fliegen würden wir, wenn diese Fliege etwa 10 000 verschiedene Gene besitzt, die Größe $2^{10\,000}$ erhalten — und das bedeutet, daß die im Kosmos insgesamt vorhandene Materie nicht einmal dazu ausreichen würde, einen winzigen Anteil aller denkbaren Mutanten materiell zu verwirklichen — ferner, daß der Weltraum um einen ungeheurer großen Faktor zu klein wäre, um das gedachte Fliegenmuseum in sich aufzunehmen. Die Zahl $2^{10\,000}$ ist nämlich sehr viel größer als eine 1 mit 3000 Nullen dahinter, so daß ihr gegenüber auch die in der Kosmologie auftretenden großen Zahlen vergleichsweise von kaum noch faßbarer Winzigkeit sind.

Diese Erwägungen geben trotz ihrer groben und plumpen Fassung doch eine Ahnung davon, wie ungeheuerlich die Kompliziertheit der biologischen Gebilde ist — in Ausmaßen, die weit über alle sonstigen Naturverhältnisse hinaus gehen.

Während aber die oben erörterten Tatsachen zeigen, daß für die Steuerung der Reaktionen eines lebenden Individuums unter Umständen einzelne Quantensprünge maßgeblich sein können, ergeben sich empirische Hinweise auf eine andere Form der entscheidenden Bedeutsamkeit von einzelnen Quantensprüngen für das biologische Geschehen in folgender Richtung: Gewisse Anhaltspunkte sprechen dafür, daß im phylogenetischen Entwicklungsgeschehen auf unserer Erde in vielen Fällen gewisse Mutationen gewichtige Bedeutung gewonnen haben, deren Eintreten von so geringer Wahrscheinlichkeit war, daß sie in der ganzen Erdgeschichte wohl nur einmalig vollzogen sind. Gerade am erdgeschichtlichen Anfang der terrestrischen Lebensentwicklung scheint ein solcher historisch einmaliger Quantensprung eingetreten zu sein.

12. Über die exobiologische Hypothese

§ 1. Die Bezeichnung »Exobiologie« wird neuerdings oft gebraucht als Bezeichnung desjenigen Kapitels der Naturforschung, welches sich beschäftigen soll mit Erscheinungen organischen Lebens außerhalb der terrestrischen Lebenserscheinungen und ihres phylogenetischen Zusammenhanges. Mit dem Wort »exobiologische Hypothese« bezeichne ich dementsprechend die Hypothese, daß es solche Lebenserscheinungen wirklich gibt, so daß also die Wissenschaft »Exobiologie« in der ihr üblicherweise gegebenen Definition tatsächlich ein Objekt besitzt.

Daß dies eine Hypothese ist, wird in einer umfangreichen neuerdings entstandenen Literatur — die teilweise nur undeutlich abgegrenzt ist gegenüber populären oder zur »science fiction« gehörenden Schriften, aber zum Teil auch zur ernst gemeinten wissenschaftlichen Literatur gehört oder jedenfalls in den Rahmen wissenschaftlicher Literatur breit hereinragt — kaum noch empfunden, oft auch ausdrücklich bestritten: Es ist die Absicht des Folgenden, diese Tatsache, daß es sich um eine Hypothese handelt, nachdrücklich zu unterstreichen. Ich gehe so weit, zu behaupten, daß es sich um eine bis jetzt nur schwach begründete Hypothese handelt; und ich betone gern, daß der Charakter der fraglichen Behauptung als einer Hypothese die Möglichkeit einschließt, daß sie auch falsch sein könnte.

Überraschend verbreitet ist die Neigung, die Frage als bereits durch folgende einfache Überlegung entschieden anzusehen: Aus der Tatsache, daß es auf dem Planeten Erde empirisch die Erscheinung des organischen Lebens gibt, geht hervor, daß organisches Leben mit naturgesetzlicher Notwendigkeit immer wieder und überall im Kosmos entstehen muß. Es kommt also nur darauf an, ob oder wo ein anderer Planet in ähnlicher Weise wie die frühzeitliche Erde günstige Bedingungen für den *Fortbestand* und somit die phylogenetische Weiterentwicklung dieser Lebenserscheinungen geboten hat.

Dieser Scheinbeweis möchte die gestellte Frage zu einer gewissermaßen rein philosophisch-apriorisch oder logisch-deduktiv zu beantwortenden Frage machen. Der empirische Charakter aller Naturforschung wird hier grundsätzlich verkannt. Dies ist methodisch, wie mir scheint, ein so schwerer Fehler, daß wir dadurch mißtrauisch gemacht werden müssen gegen alle in Weiterverfolgung dieser Gedankenrichtung zustandegekommenen Meinungen: Wenn wir festhalten wollen an dem Grundsatz, daß wesentliche naturwissenschaftliche Entscheidungen nur und ausschließlich durch empirische Feststellungen begründbar sind, so muß der Versuch, eine der schwierigsten und zugleich bedeutungsvollsten Fragen naturwissenschaftlicher Welterkenntnis durch logische Taschenspielerei klären zu wollen, entschieden abgelehnt werden. Nur die empirische Erforschung des organischen Lebens, so, wie wir es aus dem terrestrischen Beispiel kennen, kann uns hoffen lassen, vielleicht Hinweise zu entdecken, welche uns berechtigen mögen, der exobiologischen Hypothese einen mehr oder weniger hohen Wahrscheinlichkeitsgrad zuzuschreiben; andererseits ist jede empirisch erzielte Vertiefung unserer Kenntnisse betreffs des sonstigen Kosmos, welche uns zusätzliche Anhaltspunkte zur Beurteilung unserer Frage geben kann, ein begrüßenswerter Beitrag zur Vermehrung unseres Wissens. Da im Falle der sachlichen Richtigkeit der exobiologischen Hypothese doch keineswegs damit zu rechnen wäre, daß die Fortschritte der Raumfahrttechnik uns schon in naher Zukunft zuverlässige abschließenden Beweise für die Existenz organischen Lebens auf Planeten anderer Sonnen liefern würden, so wird jeder gesicherte Tatbestand, der wenigstens Verdachtsgründe zugunsten der exobiologischen Hypothese liefern kann, aufmerksamste vorurteilsfreie Erwägung und Weiterverfolgung verdienen. Nicht weniger dringlich ist freilich das Erfordernis, eine Überschätzung von Verdachtsgründen auf Grund gefühlsmäßiger Neigung zur Bejahung der Hypothese zu vermeiden.

Auch gegenüber dieser Hypothese muß die gesunde kritische Haltung des Naturforschers gewahrt werden, mit gleichmäßiger Vermeidung sowohl einer der Hypothese günstigen als auch einer ihr ungünstigen Voreingenommenheit.

Obwohl ich, wie im Nachfolgenden skizziert werden soll, die für die exobiologische Hypothese anzuführenden Hinweise als dürftig, die gegen sie sprechenden Tatsachen als schwerwiegend ansehe, scheint mir eine etwas ausführliche Erwägung des jetzigen Standes der Hypothese doch recht reizvoll, weil in diesem Zusammenhang Veranlassung entsteht, auf grundsätzliche Fragen der Biologie einzugehen, deren Dringlichkeit vielleicht weniger stark empfunden werden mag, solange man — nur terrestrische Organismen untersuchend — ganz davon absieht, auf die Frage extraterrestrischer Lebenserscheinungen einzugehen. Es ist ja unabweisbar, beim Versuch einer Präzisierung der exobiologischen Hypothese auf die Definition des naturwissenschaftlichen Begriffes »organisches Leben« einzugehen; und diese Definition kann in Rücksicht auf die exobiologische Fragestellung keineswegs ebenso einfach gehandhabt werden, wie es bei Beschränkung auf das terrestrische Leben möglich ist. Die üblichen Definitionen stellen ja die Rolle der Eiweißsubstanzen im organischen Leben stark in den Vordergrund — mit ergänzender Beachtung der Nukleinsäuren, die freilich nach der Entdeckung von Crick-Watson eine gleich starke Betonung verdienen.

Es ist aber in vielen Bemerkungen zur exobiologischen Hypothese betont worden, daß für den Chemismus organischen Lebens auf anderen Himmelskörpern vielleicht auch ganz andere Grundlagen in Betracht kommen könnten: Viele Verfasser haben diesen Hinweis als eine gewichtige Stützung der Hypothese bewertet. Schließt man aber die ausdrückliche Zulassung eines weiten Bereiches andersartiger chemischer Grundprozesse in die Formulierung der Hypothese ein, um auf diese Weise der Hypothese eine vorsichtigere und damit überzeugendere Fassung zu geben, so muß überlegt werden, welche im terrestrischen Fall verwirklichten Merkmale noch in die universelle Definition von Lebenserscheinungen

177

mit hineingenommen werden sollen. Obwohl man selbstverständlich das Urteil vertreten könnte, es dürfte zweckmäßig sein, eine
vorschnelle diesbezügliche Festlegung zu vermeiden, so wird andererseits nicht bezweifelt werden können, daß das Nachdenken
über eine sachgemäße Definition des Lebens-Begriffes unentbehrlich ist, sofern man überhaupt der exobiologischen Hypothese in
fortschreitender Präzisierung einen klaren Inhalt geben will.

Auf diese Weise ergibt sich aus der exobiologischen Hypothese
ein Anstoß zur Durchdenkung biologischer Grundfragen, die auch
unabhängig von dieser Hypothese fundamentale Bedeutung für
unser Naturverstehen haben — für den Verfasser der vorliegenden Betrachtungen, welcher sich von vielen anderen Beurteilern
der exobiologischen Hypothese durch seine skeptische Einstellung
unterscheidet, beruht gerade auf diesem Zusammenhang der fraglichen Hypothese mit Grundproblemen der Biologie als solcher
der Reiz einer diesbezüglichen besinnlichen Diskussion.

Übrigens ist es wohl sehr fraglich, ob die — im formal-logischen
Sinne sicherlich abschwächende und somit vorsichtigere Formulierung der Hypothese unter Zulassung *abweichender chemischer
Grundlagen* der vermuteten extraterrestrischen Organismen wirklich geeignet ist, der Hypothese eine erhöhte Glaubwürdigkeit
für kritische Betrachtung zu geben. Da man gewiß nicht zweifeln
wird, das Auftreten *vermehrungsfähiger* Strukturen (analog den
Crick-Watsonschen Spiralen) zu denjenigen Merkmalen des terrestrischen Lebens zu rechnen, welche mit in die Definition eines
universell gefaßten (wenn auch in sonstigen Einzelheiten noch
offen gelassenen) Lebens-Begriffes aufzunehmen wären, so wird
es bedeutungsvoll, daß nach dem Crick-Watson-Modell bestimmte
Maßbeziehungen zwischen dessen vier Eiweiß-Bausteinen unent-
behrliche Voraussetzungen für das Funktionieren des Modells im
Verdopplungsvorgang sind. Man kann bezweifeln (und darf es
ohne entsprechenden Nachweis nicht für selbstverständlich halten),
daß die molekularen Baupläne der Chemie neben der im terrestrischen Eiweiß-Leben vorliegenden Verwirklichung autokatalytisch vermehrungsfähiger Spiralen auch noch andere, chemisch

abweichende, aber analog funktionierende Möglichkeiten von Spiralgestalten zulassen, bei denen ebenfalls »zufällige« Maßbeziehungen entscheidende Bedeutung haben müßten.

§ 2. Im Rahmen meines Buches »Schöpfung und Geheimnis«, das seinem Charakter nach als »naturphilosophisch« bezeichnet werden könnte, habe ich sowohl die exobiologische Hypothese, als auch die Grundfrage nach der sinngemäßen naturwissenschaftlichen Definition des organischen Lebens zusammenhängend besprochen. Obwohl das dazu Gesagte teilweise auf Aufsätzen und Abhandlungen beruht, die ich seit etwa 40 Jahren anderweitig veröffentlicht habe, bringt doch das genannte Buch ergänzende Einzelheiten, und vor allem eine erstmalige Zusammenfassung des Ganzen der diesbezüglichen Überlegungen. Da es aber in jenem Buche erstrebt wurde, die erörterten Fragen unter philosophischen und auch weltanschaulichen Gesichtspunkten zu betrachten, scheint es mir sinngemäß, im Nachfolgenden eine rein fachwissenschaftlich gemeinte Zusammenfassung zu geben, welche die Ergebnisse der durchgeführten Überlegungen losgelöst von außerfachlichen Betrachtungen festhält. Das Schwergewicht der nachfolgenden Ausführungen liegt in der erstrebten Klärung der Frage, wie man vom Standpunkt heutigen Wissens aus das organische Leben als von den anorganischen Naturerscheinungen verschieden kennzeichnen und definieren kann. Diese Frage ist mir bei Bearbeitung der vorliegenden Abhandlung zu ihrer Hauptfrage geworden. Meine kritischen Bedenken zur exobiologischen Hypothese kommen ebenfalls zur Sprache, ohne jedoch im Mittelpunkt zu stehen.

Bekanntlich hat der biologische Philosoph H. Driesch sich in seinem Lebenswerk darum bemüht, durch Widerlegung der »Maschinentheorie der Organismen« eine Kennzeichnung des organischen Lebens in seiner Verschiedenheit von den anorganischen Naturerscheinungen zu erzielen — man könnte also sagen, daß er eben diejenige wissenschaftliche Aufgabe als dringlich empfunden und in Angriff genommen hat, welcher auch die vorliegende Abhandlung gewidmet ist. Deshalb ist es notwendig, kurz anzudeuten, weshalb ich nicht glaube, daß die fragliche Aufgabe durch eine Weiterverfolgung der Ansätze von Driesch wesentlich gefördert werden könnte.

Bekanntlich hat Driesch seine Hauptbemühungen darauf gerichtet, im Begriff der »Ganzheit« ein Charakteristikum des Organischen zu bezeichnen; seine diesbezüglichen Überlegungen haben zwar eine zahlreiche Anhängerschaft gefunden, aber doch kaum reale Förderung der biologischen Wissenschaften ergeben. Die von ihm durchgeführten Experimente an Seeigel-Eiern konnten beispielsweise in Max Hartmanns Buch »Allgemeine Biologie« referiert und einer die Tendenzen Drieschs grundsätzlich ablehnenden Betrachtungsweise eingegliedert werden, so daß ihnen eine sachliche Beweiskraft gegen die von Hartmann uneingeschränkt vertretene »Maschinentheorie der Organismen« nicht zugesprochen werden kann.

Theoretisch hat Driesch ja eine Art programmatischer Erklärung seiner Philosophie gegeben in dem berühmt gewordenen Satz: »Das Ganze ist mehr, als die Summe seiner Teile.« Aus diesem etwas Präzises zu entnehmen, ist jedoch verhindert durch das Fehlen jeglicher Definition sowohl für den Begriff »Summe« als auch für den Begriff »mehr sein, als«.

Immerhin kann man vielleicht Drieschs Betonung des Ganzheitsbegriffes auffassen als einen — wohl berechtigten — Hinweis darauf, daß das Hervortreten von *Individuen* im biologischen Erscheinungsbereich besonders ausgeprägt ist, sowohl auf der Stufe der Virus-Moleküle, als auch der Zellen und weiterhin der Zellstaaten. Die nur recht seltenen Fälle ausgesprochener Anomalien der »Individuation«, wie sie etwa bei den Siphonophoren vorliegen, sind schon von dem Philosophen Burkamp mit Recht als eine philosophisch nachdenkenswürdige Erscheinung hervorgehoben. Freilich stehen der organischen Individuation die anorganischen Individuen von Molekülen, Atomen und Elementarteilchen, sowie von Kristallen und von Sternen oder Spiralnebeln gegenüber; von ihnen unterscheiden sich die organischen Individuen durch die Tatsache, daß im Sinne kybernetischer Begriffe jedes biologische Individuum (mindestens von der Stufe der Zellen aufwärts) eine *Steuerungseinheit* bildet — die Lebend-Erhaltung oder Stabil-Erhaltung jedes Lebewesens wird nur durch eine kybernetische Funktionseinheit ermöglicht; und eine genauere Ausmalung dieses Bildes könnte vielleicht geeignet sein, dem bei Driesch im Grunde undefiniert gebliebenen Begriff der Ganzheit einen wirklichen Inhalt zu geben. Driesch hat auch auf die Tatsache der *Fortpflanzungsfähigkeit* der Organismen (die ja bis zu den Virus-Molekülen hinunter reicht) besonderes Gewicht gelegt, und man kann diese Betonung als durchaus berechtigt anerkennen, ohne der von Driesch gehegten irrigen Meinung zuzustimmen, daß die Fortpflanzungsfähigkeit allein ausreiche, die »Maschinentheorie« der Organismen zu widerlegen: Seitdem der geniale Mathematiker J. v. Neumann, auf die Gedankengänge der Kybernetik gestützt, das grundsätzliche Modell einer vermehrungsfähigen Maschine konstruiert hat, ist erwiesen, daß diese Fähigkeit der Organismen (obwohl natürlich unentbehrlich für die Existenzfähigkeit des organischen Lebens) doch theoretisch noch nicht zum Beweis der Tatsache ausreichend ist, daß die biologischen Erscheinungen außerhalb des Rahmens »maschinenmäßiger«, also lückenlos determinierter Abläufe liegen.

Eine vollgültige naturwissenschaftliche Kennzeichnung des organischen Lebens als einer von der riesigen Mannigfaltigkeit sonstiger Naturerscheinungen wesentlich verschiedenen scheint mir nur unter Zurückgreifen auf die seit 1900 entstandene (wenngleich im vorigen Jahrhundert vorbereitete) Atom- und Quantenphysik möglich zu sein; wobei die ebenfalls in unserem Jahrhundert entstandene Kybernetik wesentlich mitzusprechen hat. Die verschiedenen hierin zur Geltung kommenden Denkmotive versuche ich im Folgenden zu verdeutlichen.

§ 3. Die wichtigste Feststellung, zu welcher die »Mikrophysik« im ersten Viertel unseres Jahrhunderts gelangt ist, geht dahin, daß die feinsten Naturvorgänge — die Quantensprünge — keiner kausal determinierenden Gesetzlichkeit unterliegen, sondern einer nur statistischen. Wenngleich Planck gezögert hat, dieser Folgerung zuzustimmen — Einstein hat sich bis an sein Lebensende dagegen gesträubt — so besteht doch heute unter den Physikern fast vollkommene Einigkeit darüber, daß Heisenberg die Sachlage richtig gekennzeichnet hat mit der Aussage, die Quantenphysik habe die definitive Widerlegung des Kausalitätsprinzips ergeben.

Für den oben erwähnten populären Rechtfertigungsversuch der exobiologischen Hypothese (»Da auf unserem eigenen Planeten organisches Leben zutage getreten ist, mußte Gleiches der Fall sein auf jedem existierenden erdähnlichen Planeten«) bedeutet diese neue Erkenntnis die Notwendigkeit, zu klären, ob der Anfang der Lebensentwicklung auf der Erde als Vollzug eines makrophysikalischen, determiniert verlaufenen Vorgangs vorzustellen ist, oder aber als Stattfinden eines mikrophysikalischen Ereignisses, für dessen Eintreten die Naturgesetze lediglich eine bestimmte Wahrscheinlichkeit festlegen. Nur im ersteren Fall kann die erwähnte oft gebrauchte Rechtfertigung in mehr oder weniger großem Umfang verteidigt werden (sicherlich nicht ohne gewisse Einschränkungen, weil auch dann im Zustandekommen der Entstehung ursprünglichster Lebensformen Verhältnisse mitgewirkt haben dürften, für deren vielleicht wesentlichste Einzelheiten der Begriff »erdähnlicher Planet« nur gewisse Wahrscheinlichkeiten ihrer realen Verwirklichung andeuten kann. Sobald aber in diesem Sinn der Wahrscheinlichkeitsbegriff in unsere Frage hereintritt, können wir aus unserem Wissen, daß jedenfalls mindestens auf einem Planeten eine Lebensentstehung stattgefunden hat, keine allgemeine Folgerung mehr ziehen: Die einmalige Verwirklichung ergibt keinerlei quantitative Folgerung betreffs der Wahrscheinlichkeit dieser Verwirklichung, sondern läßt immer noch zu, daß die Wahrscheinlichkeit, wenngleich sie als positiv erwiesen ist, dennoch so klein sein könnte, daß z. B. innerhalb der Milchstraße kaum noch mit dem Vorhandensein anderer, unabhängiger Verwirklichungen zu rechnen wäre. Grundsätzlich muß dies aber auch für noch größere Sternmengen, als in einer einzelnen Milchstraße, festgehalten werden; und da heute die Vorstellung eines endlichen Kosmos mit endlicher Gesamtzahl der in ihm enthaltenen Sonnen (die vielleicht nicht viel größer als 10^{20} wäre) einigermaßen gestützt zu sein scheint, so ergibt sich als einwandfreie Denkmöglichkeit auch die Vorstellung einer Einmaligkeit der Lebensentstehung in unserem eigenen Planetensystem. Allerdings wird diese Denkmöglichkeit nur dann einigermaßen glaubhaft gemacht werden können, wenn sich gewichtige Gründe ergeben, die Wahrscheinlichkeit der in unserem Planetensystem tatsächlich erfolgten Lebensentstehung als sehr klein gewesen zu beurteilen — auf diese Fragen kommen wir zurück.

Daß soeben nicht lediglich vom Planeten Erde, sondern vom Planetensystem unserer Sonne gesprochen wurde, ist dadurch begründet, daß der früher von Arrhenius vertretene Gedanke der »Panspermie« zwar heute wesentlich eingeschränkt werden muß, aber nicht völlig vernachlässigt werden kann. Die Hypothese, daß der gesamte Weltraum in einer gewissen, wenn auch sehr geringen Dichte mit Lebenskeimen gefüllt sei, deren eingefrorener Zustand beliebig lange Erhaltung erlaubt — so daß sie bei gelegentlichem Auftreffen auf einen für die Entwicklung organischen Lebens geeigneten Planeten eine dortige Neuentwicklung starten könnten — ist nicht mehr im Einklang mit heutigem Wissen über die kosmische Strahlung, welche zu baldiger Abtötung solcher Keime führen müßte. Auch das Zustandekommen einer solchen Weltraum-Verbreitung organischer Keime (einerlei, ob abgetötet oder noch lebend) wäre im Rahmen heutiger kosmologischer Vorstellungen (insbesondere endlichen Weltalters) wohl nicht unterzubringen.

Trotzdem bleibt es denkbar, daß immerhin Lebenskeime der Erde gelegentlich (etwa bei Vulkanausbrüchen) in sehr hohe Luftschichten gelangt und dann durch Lichtdruck oder Sonnenwind bis mindestens zur Marsbahn gebracht wären, bevor sie abgetötet wurden. Deshalb würden niedrige Lebensspuren auf dem Mars, wenn es solche gibt (was zeitweise wahrscheinlich gemacht schien, durch neueste Erkenntnisse betreffs der Chemie der Mars-Atmosphäre allerdings wieder weniger wahrscheinlich geworden ist), erst nach eingehender mikroskopischer Untersuchung, in Verbindung mit Züchtungsexperimenten, einen beweiskräftigen Beitrag zu unserem Thema ergeben können — zunächst müßte im Falle ihrer Existenz der Verdacht einer phylogenetischen Zugehörigkeit zum terrestrischen Leben geprüft werden.

§ 4. In Erwägungen, welche Beiträge erstreben zur Beurteilung der Frage, wie groß die Aussichten dafür sein könnten, daß organisches Leben, wenn einmal in sehr ursprünglicher Form auf einem erdähnlichen Planeten vorhanden, dort auch zu einer erheblichen phylogenetischen Entwicklung kommen kann, sind insbesondere folgende zwei Fragen zu prüfen: 1. Wie viele als »erdähnlich« zu bezeichnende Planeten sind in unserer Milchstraße vorhanden? 2. Wie groß sind die Aussichten, daß auf einem solchen Planeten die Lebensentwicklung für mehrere Milliarden Jahre fortdauern kann?

Zu Frage 1 dürfte es schwer sein, eine nicht allzu ungenaue Schätzung zu begründen, welche auf einhellige Zustimmung der Astronomen rechnen könnte. Hoyle hat zwar eine Schätzung hierzu ausgesprochen; zu der mit jeder solchen Schätzung verbundenen erheblichen Unsicherheit kommt jedoch hinzu, daß es weitgehend einem mehr oder weniger willkürlichen Ermessen überlassen bleibt, unter welchen Voraussetzungen man die Beurteilung als »erdähnlich« für vertretbar halten will. Letzten Endes handelt es sich dabei ja um die biologische Frage, wie weit das hypothetisch vermutete extraterrestrische Leben imstande sein mag, sich auch ungünstigen Bedingungen anzupassen — eine Frage, deren begründete Beurteilung wohl überhaupt erst nach irgendwie gelungener Entdeckung jetzt noch unbekannter Lebensformen möglich werden könnte.

Herrn F. Becker verdanke ich den freundlichen Hinweis, daß folgende Aussage vertretbar sein dürfte: Unter den unserer Sonne ähnlichen Sternen der Milchstraße ist wahrscheinlich ein nicht sehr geringer Anteil mit Planetensystemen behaftet. Das ist eine Antwort, die offenbar noch als verhältnismäßig günstig für die exobiologische Hypothese bezeichnet werden kann — die Beobachtungen, welche als Unterlage dieser Aussage in Betracht kommen, beziehen sich zwar z. Z. meines Wissens lediglich auf solche Planeten, deren Massen die des Jupiter noch merklich übersteigen, machen aber wohl auch die Vermutung nicht zu seltener Planeten von ungefährer Erdgröße und ungefährem Erdbahn-Radius (also ungefähr terrestrischen Bestrahlungs-Verhältnissen) glaubhaft.

Auf die Wichtigkeit der Frage 2 hat F. Zwicky vor wenigen Jahren bei einer Tagung in Texas hingewiesen. *Sternkatastrophen* sind in jeder Milchstraße anscheinend Vorgänge, die sich in durchschnittlichen Abständen von nur wenigen Jahrhunderten wiederholen; und jeder Supernova-Ausbruch überschüttet für eine gewisse Zeitdauer einen gar nicht geringen räumlichen Anteil der fraglichen Milchstraße mit Strahlungen, welche ein dortiges organisches Leben mit Vernichtung bedrohen. Selbst in dem wohl ohnehin seltenen Fall war bereits durch mehrere 100 Millionen Jahre fortgeschrittenen phylogenetischen Entwicklung würde jedenfalls der weitere Fortbestand der fraglichen Lebensformen bis zur Erreichung eines mit dem terrestrischen Leben vergleichbaren Alters noch in erheblichem Anteil (vielleicht sogar in der großen Mehrheit der Fälle) verhindert werden.

Daß diese Erwägungen realistisch sind, kann heute wohl als bereits bewiesen bezeichnet werden. Es ist nämlich von Schindewolf schon vor geraumer Zeit darauf hingewiesen worden, daß die der Paläontologie bekannten »Faunenschnitte«, die in den letzten $5 \cdot 10^8$ Jahren der Erdgeschichte mehrere Male aufgetreten sind, die Deutung einer durch verstärkte kosmische Strahlung erzeugten Katastrophe nahe legen — jedesmal wurde erdweit ein über eine riesige Fülle von Arten ausgedehntes Aussterben zustande gebracht, dessen relative Plötzlichkeit und dessen Umfang wohl alle früher versuchten Erklärungen — etwa durch Klimaänderungen — ausschließen.

Mindestens für den berühmten Fall des Saurier-Sterbens hat diese von Schindewolf gegebene Deutung jetzt wohl einen abschließenden Beweis ihrer Richtigkeit erhalten, seitdem Erben durch elektronenmikroskopische Untersuchungen gezeigt hat, daß die damaligen Sauriereier über weiteste Artverschiedenheiten hinweg anomale Schalenverdickungen zeigten, die das Auskriechen der Jungen in erheblichem Anteil verhindert haben müssen: Es kam in beträchtlichem Ausmaß nicht mehr zu einer rechtzeitigen Ablegung der Eier, die vielmehr zu lange im mütterlichen Körper verblieben und dort zu dicke Schalen erhielten. Es ist nach Erben wahrscheinlich, daß ein gewisses für die rechtzeitige Eiablage maßgebendes Enzym in vielen Individuen fehlte, dessen Bildung vielleicht in einer allen Sauriern gemeinsamen Weise genetisch bedingt war (es könnte sich geradezu um ein den Chromosomen aller Saurierarten gemeinsames Gen gehandelt haben). Wenn gerade dieses Gen merklich strahlenempfindlich war, so konnte ein zeitlich eng begrenzter (vielleicht z. B. einige 10^4 Jahre dauernder) Strahleneinbruch in der Tat zur weitgehenden Vernichtung der Saurier führen.

Das ergibt den Eindruck, daß das organische Leben der Erde noch im Laufe seiner späteren Geschichte mehrere Male nur knapp der Vernichtung entgangen ist. Wenngleich der von Zwicky ausgesprochene Hinweis nicht darauf zielt, das gelegentliche Ingangkommen phylogenetischer Entwicklungen auf verschiedenen Himmelskörpern zu verneinen, so begrenzt er doch die Aussichten für lang dauernde derartige Entwicklungen vielleicht recht scharf.

§ 5. Die nur statistisch bindende Naturgesetzlichkeit der Mikrophysik kann besonders anschaulich dargestellt werden durch das Beispiel eines Radiumpräparates, also eines großen Kollektivs von zahlreichen individuellen Ra-Atomen. Jedes einzelne dieser Individuen hat eine bestimmte, naturgesetzlich festgelegte Wahrscheinlichkeit, innerhalb des jetzt beginnenden differentiellen Zeitabschnitts dt zu zerfallen, und zwar ist diese Wahrscheinlichkeit proportional mit dt, also gleich adt. Die Konstante a ist ihrer Größe nach charakteristisch für das Betrachtete Isotop des Ra, bzw. der sonstigen als Beispiel benutzten Art von radioaktiven Isotopen irgendwelcher Elemente. Die zu verschiedenen Arten von radioaktiven Kernen gehörenden Werte a sind theoretisch berechenbar aus den Gesetzen der Kernphysik. Die Anzahl $N(t)$ der zur Zeit t noch nicht zerfallenen Kerne des Kollektivs muß auf Grund obiger

Voraussetzungen (einschließlich der Unabhängigkeit des Wertes a von der Vorgeschichte des Kollektivs), wie sich durch Integration ergibt, gleich

(1) $$N(t) = N(0) e^{-at}$$

sein: Diese Formel bringt zum Ausdruck, daß die Zerfallswahrscheinlichkeit für jedes Individuum unabhängig von der Reaktion der übrigen ist, so daß es gleichgültig ist, ob das Kollektiv definiert ist durch eine räumlich gehäufte Menge von Atomen, oder als eine sonstwie erkennbar gemachte, vielleicht weit im Raum verteilte Menge; nur muß jedenfalls diese Menge erkennbar sein anhand schon jetzt prüfbarer Eigenschaften (so daß man das Kollektiv z. B. nicht definieren darf als Menge derjenigen Atome eine vorgegebenen Präparates, welche innerhalb eines bestimmten künftigen Zeitabschnitts zerfallen werden). In diesem Sinne gilt für jedes Kollektiv gleicher radioaktiver Kerne (1). Daß auch die Schwankungserscheinungen an der Strahlung eines solchen Kollektivs genau der Vorstellung von individuellen Zufallsereignissen entsprechen, die voneinander unabhängig sind, ist bekanntlich empirisch ebenfalls ausführlich bewiesen worden.

Die Frage, wie weit schon diese Feststellungen genügen, die rein statistische Bedingtheit dieser »spontanen« Zerfallsvorgänge zur bewiesenen Tatsache zu machen, braucht hier nicht geprüft zu werden, da die im zitierten Heisenbergschen Satz ausgedrückte Beurteilung der Sachlage sich ohnehin auf das Ganze der quantenphysikalischen Erfahrungen und ihrer theoretischen Verarbeitung gründet.

Man kann die zeitliche Konstanz der jeweiligen Größe $a = -\dot{N}/N$ auch so ausdrücken, daß der zum Zerfall befähigte Atomkern im Ablauf der Zeit nicht verändert wird hinsichtlich seiner quantitativen Zerfallswahrscheinlichkeit. Diese Ausdrucksweise ist nützlich für das Verständnis einer biologischen Erscheinung, welche ebenfalls von dem mathematischen Gesetz (1) beherrscht ist: Wir machen ein Experiment der Bestrahlung von Bakterien mit Ultraviolett. Die auf einem Nährboden verstreuten Bakterien werden nach dem Experiment teilweise unbeeinflußt zur

Vermehrung durch Teilung schreiten, teilweise zu dieser Vermehrung nicht mehr imstande sein: In einer weiten Klasse von Fällen, durch geeignete Wahl der Objekte und der experimentellen Technik definiert, ergibt sich diese scharfe Alternative ohne ein Auftreten von Zwischenstufen verminderter Vermehrungsfähigkeit. Man nennt die Bakterien ohne verbliebene Vermehrungsfähigkeit dann »getötet«. (Es war ein vollkommenes Mißverständnis, daß ein Verfasser die aus den besprochenen Tatsachen zu ziehenden Folgerungen zu »widerlegen« glaubte durch den (an sich beachtenswerten) Nachweis, daß gewisse Chemikalien die »getöteten« Bakterien zum Teil zu einer Regenerierung bringen können).

In Fällen einer scharfen Alternative erläuterter Art zeigt sich oft auch Anwendbarkeit der Formel (1), und zwar so, daß der entsprechende Wert a proportional mit der (zunächst als konstant gedachten) Strahlungsintensität ist. Man kann aber, die verabfolgte Strahlendosis mit D bezeichnend, (1) für diese Anwendung erweitern zu

$$(2) \qquad N(D) = N(0)\, e^{-aD}.$$

Dies Ergebnis besagt dann, daß die »Tötung« der Bakterien (oder ihre Überführung in einen nur durch Regenerations-Maßnahmen zum Normalen zurückführbaren Zustand) dadurch geschieht, daß ein einziges Lichtquant $h\nu$ von ultravioletter Frequenz ν vom fraglichen Bakterium absorbiert wird in einem Absorptionsakt, welcher tötende bzw. inaktivierende Wirkung hat. Dabei kann die Sachlage eintreten, daß das Bakterium Tausende oder gar Millionen von Lichtquanten absorbiert, ohne daß diese eine merkbare, in diesem Experiment erkennbar werdende Wirkung ausüben. Ebenso, wie die radioaktiven Atomkerne während der Dauer ihrer Existenz als solche unverändert bleiben, erfahren die bestrahlten Bakterien keine für das Experiment erkennbare Veränderung durch die Bestrahlung, sofern der entscheidende »Treffer« nicht zustande kommt.

Allerdings ist dieser soeben beschriebene ideale Fall bei den Bakterien nur approximativ gegeben, während er bei den Atomkernen (1) in vollendeter Weise vorliegt. Besondere Experimente haben zeigen können, daß bei sehr hohen Dosiswerten D schließlich doch auch die kumulierte Wirkung derjenigen Lichtquantenabsorptionen mit zur Geltung kommt, welche nicht die Ausübung eines »Treffers« erzielt haben. Ferner zeigt sich bei langwelligerer Bestrahlung eine Abweichung vom einfachen Schema der »Ein-Treffer-Tötung« derart, daß das Gelingen von mehr als einem Treffer zur Ausschaltung eines Bakteriums nötig ist — solche etwas verwickeltere Verhältnisse erlauben immer noch eine gewisse formelmäßige Analyse, die jedoch bei zunehmender Entfernung vom Ein-Treffer-Schema auch an Klarheit und Beweiskraft verliert.

Zahlreiche Experimente haben gezeigt, daß das biologische Wirksamwerden einer einzelnen Lichtquantenabsorption als Inaktivierung einer Bakterienzelle ähnlich auch beispielsweise durch monomolekulare Giftwirkung zustande kommen kann: Zum Beispiel gehört Phenol zu denjenigen Giften, deren Wirkung auf Bakterien oft dem Exponentialgesetz folgt (ebenfalls auf der Grundlage einer unstetigen Alternative zwischen Unschädlichkeit und voller Inaktivierung). Das bedeutet in diesem Falle, daß die Reaktion eines einzelnen Phenolmoleküls mit einem »steuernden«, unentbehrlichen Molekül der Zelle deren Inaktivierung bedingt. Andere Beispiele der Inaktivierung durch ein mikrophysikalisches Einzelereignis, also einen einzelnen Quantensprung, sind festgestellt worden bei Bakterien-Inaktivierung durch Ultraschall, durch Kältebehandlung (Aufbewahrung in gefrorenem Zustand) und andere »tötende« Einwirkungen; jedesmal erweist Gültigkeit des Exponentialgesetzes die Notwendigkeit dieser mikrophysikalischen Deutung des Vorgangs.

Die naheliegende Vermutung, daß ein solcher zur Inaktivierung ausreichender Quantensprung als ein an einem Gen-Molekül eingetretener vorzustellen ist, wird gestützt durch die empirisch einigermaßen gesicherte Proportionalität des ultravioletten »Tötungsspektrums« mit dem Absorptionsspektrum der Nukleinsäure. Die ältere Meinung, daß in Bakterien Strukturen analog den Chromosomen größerer Zellen gar nicht vorhanden seien, ist seit einigen Jahrzehnten widerlegt. Jedoch zeigen sich Abweichungen vom sonst Gewohnten z. B. in der Form, daß bei Bakterienarten das Vorkommen von zwei dem Zellkern analogen (kleineren) Gebilden mindestens in einem Teil der Fälle beobachtet wird (Piekarski). Bestrahlung mit ionisierender Strahlung (Röntgenstrahlen, Alphastrahlen, Neutronenstrahlen) verläuft ebenfalls in vielen Fällen nach dem Exponentialgesetz, und eine genauere Analyse der Verhältnisse beweist, daß auch dabei die »Strahlenempfindlichkeit« auf ein kleines, bezüglich seiner Größenordnung ausmeßbares Teilvolum der Zelle beschränkt ist, sowie, daß der eigentliche Vorgang der Inaktivierung in dem Quantensprung der Losreißung eines Elektrons von einem »empfindlichen« Molekül besteht.

In gewissem Ausmaß können ähnliche »biologische Quantenerscheinungen« auch an Mehrzellern nachgewiesen werden. Ein Höhepunkt diesbezüglicher Feststellungen ist der Nachweis, daß gewisse Insektenaugen auf die Absorption eines einzigen Lichtquants derart reagieren können, daß das Insekt eine dem freien Auge des Beobachters sichtbare Bewegung macht. Hier ist also ein Vorgang eingetreten, der — rein physikalisch betrachtet — demjenigen vergleichbar ist, welcher z. B. in einem Geigerschen Zählrohr abläuft, oder in einer sonstigen Verstärker-Anordnung, welche geeignet ist, mikrophysikalische Einzelvorgänge (wie das Vorbeifliegen eines schnellen Elektrons an einem von einem elektrostatischen Feld umgebenen dünnen Draht) zur Auslösung eines makrophysikalischen Stromstoßes werden zu lassen. Der Verfasser hat deshalb das Wort »Verstärker-Theorie der Organismen« gebraucht, als er vor etwa vier Jahrzehnten eine kennzeichnende Eigenschaft der Organismen in ihrer Fähigkeit erkannte, mannigfaltige Verstärker-Wirkungen auszuüben, welche mikrophysikalischen Einzelvorgängen eine makrophysikalische Auswirkung ermöglichen. Diese damalige These — seit 1934 ausdrücklich verbunden mit der These, daß die Gene der Vererbungs- und Mutationsforschung als mikrophysikalische Gebilde, als Einzel-Moleküle (ähnlich den Virus-Molekülen) zu betrachten seien, kann wohl heute — nach der Crick-Watsonschen Aufklärung des Gen-Moleküls — keine Anzweiflung mehr erfahren, wurde aber damals vielseitig und heftig kritisch bekämpft. Der Biologe Max Hartmann gab dieser kritischen Ablehnung eine besondere Note, indem er auch für den rein physikalischen Bereich den quantenphysikalischen Indeterminismus als unmöglich bezeichnete und somit zwecks kritischer Verurteilung meiner biophysikalischen Thesen die gesamte Quantenphysik mit ihrem in dem zitierten Heisenbergschen Satz gipfelnden Ergebnis für unrichtig erklärte.

Das erwähnte Ergebnis betreffs der Verstärkerwirkung an Insekten mit ihren durch einzelne Lichtquanten zu beeinflussenden Augen findet beim Menschen ein schwächeres, aber immerhin ausreichend erstaunliches Analogon: Etwa zwei bis drei Lichtquanten können im dunkeladaptierten menschlichen Auge einen Bewußtseinsvorgang auslösen.

Der physikalische Vollzug der Verstärkerwirkungen, welche offenbar im Biologischen eine so entscheidend bedeutsame Rolle spielen, ist in gewissen Fällen leicht verständlich, in anderen hingegen noch undurchsichtig. Physikalisch verständlich sind insbesondere Lawinen-Wirkungen, wie sie in Geiger-Zähler ausgenutzt werden, aber überhaupt bei Gas-Entladungen eine große Rolle spielen, die von Raether vielseitig studiert worden ist. Verständlich ist auch, daß die Veränderung eines Gen-Moleküls wegen der von ihm ausgeübten katalytischen Steuerungswirkung erhebliche Folgen für das nachfolgende Zellgeschehen zustande bringt — wie wir als Ergebnis von Mutationen zu sehen gewohnt sind. Die grundsätzlich, vor allem von Dessauer angebahnte Erkenntnis, daß biologische Wirkungen von Ultraviolett und von ionisierenden Strahlungen in erheblichem Anteil durch Primärwirkung an »empfindlichen« Teilstrukturen der lebenden Zellen zustande kommen, kann ja auch so ausgesprochen werden, daß ihre Primärwirkung in der Erzeugung von somatischen Mutationen besteht. Dagegen weisen uns die erwähnten Erfahrungen über diejenigen Verstärkerwirkungen, welche sich bei Wahrnehmung geringster optischer Reize zeigen, auf einstweilen noch undurchsichtige Zusammenhänge hin, die aber wohl wahrscheinlich machen, daß gerade für Gehirnvorgänge das Mitspielen mikrophysikalischer Feinheiten von hoher Bedeutung ist.

§ 6. Wenn wir uns der Anerkennung dessen, was die Quantenphysik als ein vertieftes Verständnis der Naturgesetzlichkeit zutage gebracht hat, nicht entziehen, so sind die in § 5 besprochenen Tatsachen bereits geeignet, eine weittragende Feststellung über das organische Leben und seine Einordnung in den Rahmen der Naturgesetzlichkeit zu begründen. Sie betrifft gerade diejenige Frage, deren Beantwortung Driesch, wie oben erwähnt, durch eine Argumentation versucht hat, welche durch die kybernetischen Überlegungen von J. v. Neumann als unzureichend erwiesen wurde. Sind lebende Organismen als vollständig determinierte Gebilde zu betrachten, analog etwa dem Planetensystem (hinsichtlich seiner himmelsmechanisch zu berechnenden Bewegungen)? Wenn es so ist, daß die Reaktionen eines lebenden Organismus in erheblichem Ausmaß davon abhängen, wie gewisse einzelne Quantensprünge ausfallen, so muß diese in Lamettries Philosophie (»L'homme machine«) behauptete lückenlose Determinierung offenbar naturwissenschaftlich verneint werden. Wir kommen dann zu einer Bestätigung der von Driesch verfochtenen Ablehnung der »Maschinentheorie der Organismen«, aber mit ganz anderer und tatsächlich beweiskräftiger Begründung. Diese jetzige Begründung kann auch so ausgedrückt werden, daß die lebenden Organismen auf Grund der in ihnen enthaltenen Hierarchie kybernetischer Steuerungsverhältnisse nicht mehr zur Makrophysik gehören — obwohl sie in diese gewissermaßen hinein reichen — sondern in einem wesentlichen Anteil noch der Mikrophysik angehören: Die Indeterminiertheit mikrophysikalischer Feinstvorgänge wird durch die kybernetische Strukturierung der Organismen zu einer makrophysikalischen Auswirkung befähigt.

Weniger auf die in § 5 andeutungsweise besprochenen empirischen Tatsachen gestützt, als auf eine grundsätzliche Durchdenkung dessen, was schon unabhängig davon als Ergebnis der naturwissenschaftlichen Erforschung der Lebenserscheinungen zu ersehen ist, hat Niels Bohr schon vor langer Zeit dem Gedanken Ausdruck gegeben, daß es zu den charakteristischen Eigenschaften der lebenden Organismen gehören dürfte, die Erscheinung der Komplementarität in einer gegenüber den rein physikalischen Beispielen wesentlich gesteigerten Weise hervortreten zu lassen. Der Gedanke des Komplementaritätsprinzips (in Bohrs, die berühmten Überlegungen Heisenbergs erweiternder Betrachtungsweise) ist ja der, daß für jede Prognose des künftigen Verhaltens eines Systems eine möglichst weitgehende Ermittlung seines jetzigen Zustands erforderlich ist, und daß eine das Vorhandensein strenger Determinierung bestätigende Prognose daran scheitern kann, daß diese Ermittlung in ihren Möglichkeiten begrenzt ist — wie schon im Beispiel eines Elektrons, bei welchem die Messung von Ort und Geschwindigkeit zugleich nur mit einer durch das Wirkungsquantum h begrenzten Genauigkeit möglich ist. Nun ist es ja im Falle lebender Organismen in offenkundigster Weise unmöglich, eine sehr weitgehende messende Ermittlung ihres Zustands durchzuführen, ohne eingreifende Veränderungen (unter Umständen bis zur Tötung gehend) an diesen Organismen zu verursachen — daß die von Lamettrie aus philosophischen Prinzipien deduzierte Determinierung an einem lebenden Organismus bestimmt nicht durch realen (»operativen«) Test bestätigt werden kann, ist also gewissermaßen platteste Selbstverständlichkeit: Auch schonendste Verfahren, wie Röntgendurchleuchtung, oder in anderen Fällen Ultraschall-Durchleuchtung, würden keineswegs eine schädigungsfreie Radikal-Untersuchung eines lebenden Organismus in seinem gegenwärtigen Zustand erlauben. Obwohl diese Bemerkung nicht im Geringsten etwas Erstaunliches oder Überraschend-Neues enthält, so bedeutet sie doch für den an Bohrs wunderbaren Gedankengängen Geschulten, daß damit die Lamettriesche Behauptung im Wesentlichen schon erledigt ist, da jedenfalls die beweisende Testung der von Lamettrie behaupteten lückenlosen Determinierung auch des Organischen als unmöglich erwiesen ist — eine der experimentellen Prüfung grundsätzlich unzugängliche Behauptung ist aber nach guten erkenntnistheoretischen Grundsätzen als sinnlos zu bewerten.

Die Betrachtungen von § 5, deren Absicht es war, an wenigen sehr klaren empirischen Tatsachen zu verdeutlichen, daß die Naturerscheinung des organischen Lebens — so könnte man es ausdrücken — ebensosehr zur Mikrophysik wie zur Makrophysik gehört, oder jedenfalls in breitester Weise im Mikrophysikalischen verwurzelt ist, bestätigen diese grundsätzlichen Überlegungen Bohrs, ihnen einen sehr handgreiflichen Rückhalt an experimentellen Einzeltatsachen gebend.

§ 7. Die über zwei Jahrhunderte erstreckten philosophischen Diskussionen zur These Lamettries haben sich insbesondere immer wieder auf das berühmte Thema der Willensfreiheit zugespitzt, und man kann nicht gut die Augen verschließen vor der Tatsache, daß dieses Thema stets in einem (gegensätzlichen) engen Verhältnis zur Frage der Determiniertheit organischer Reaktionen betrachtet worden ist. Naturwissenschaftler haben heute wohl überwiegend eine deutliche Abneigung, auf dieses Thema einzugehen; sie geben lieber dem Anspruch vieler Philosophen nach, welche dieses Thema als Beispiel ihrer eigenen ausschließlichen Zuständigkeit betrachten. Jedoch hat Freud sich nicht verhindern lassen, seine Entdeckungen in der Psychologie des Unbewußten als Unterlage einer neuartigen Erwägung des Problems der Willensfreiheit zu benutzen, wobei er ausführte, daß die von einem Menschen getroffenen Entscheidungen mitbedingt zu sein pflegen durch unbewußte psychische Vorgänge — dieses Mitwirken unbewußter Motive in der Determinierung unserer Entschlüsse erzeuge für uns selber den irrigen Eindruck nicht determinierter Entscheidungen, also angeblicher Willensfreiheit. Der Verfasser hat hierzu schon vor langer Zeit ein Bedenken ausgesprochen: Das von Freud analysierte Verhältnis bewußter und unbewußter psychischer Vorgänge, gekennzeichnet durch den Freudschen Begriff der Verdrängung, zeigt bei näherer Betrachtung eine auffallende, enge Ähnlichkeit zu dem durch die Quantenphysik beschriebenen Verhältnis komplementärer Meßgrößen.

Diese Ähnlichkeit nötigt dazu, auf diesen Freudschen Begriff in sinngemäßer Analogie auch die grundsätzlichen Erwägungen anzuwenden, welche von den Quantenphysikern zum Thema der Komplementarität ausgeführt worden sind. Danach ist aber die unvermeidbare Folgerung des Vorliegens von Komplementaritätsverhältnissen gerade die, daß eine Determinierung, die getestet werden könnte, dadurch ausgeschlossen wird. (Der in der Literatur verschiedentlich vorgebrachte Gedanke, man könne die Determiniertheit menschlicher Entscheidungen daran erkennen, daß man hinterher die bestimmend gewesenen Motive ermitteln kann, verkennt, daß damit ein ganz anderer Begriff von Determinierung eingeführt wird, als derjenige, der durch die Ausführbarkeit von Prognosen definiert ist).

Sofern wir ganz schlicht das Sprechen eines Menschen als beobachtbaren Ausdruck seiner weniger leicht zu beobachtenden Hirnvorgänge auffassen, bleiben wir mit der Psychologie des Unbewußten und auch mit den soeben ausgeführten Überlegungen durchaus im naturwissenschaftlichen Rahmen.

§ 8. Die Vermehrungstätigkeit der Organismen — deren hohe Bedeutung für die Kennzeichnung der Naturerscheinung des organischen Lebens wir bereits betont haben und auch im Späteren noch unterstreichen werden, trotz der notwendigen Einschränkung derjenigen Bedeutung, welche Driesch ihr zuschreiben wollte — ergibt auch die Möglichkeit von organischen Lawinenwirkungen, etwa in Gestalt der Nachkommenschaft günstig mutierter Individuen. Mindestens der theoretischen Möglichkeit nach ist daher vorstellbar, daß eine gewisse Mutation so unwahrscheinlich wäre, daß sie während der bisherigen Erdgeschichte noch nicht zu zweimaliger Verwirklichung gekommen ist, obwohl sie tatsächlich einmal stattgefunden hat. Es ist jedenfalls denkmöglich, daß Fälle dieser Art in der Geschichte des terrestrischen organischen Lebens vorgekommen sind und vielleicht merkbaren Einfluß auf den Ablauf des phylogenetischen Geschehens gewonnen haben — es darf wohl als eine reizvolle und wichtige Aufgabe angesehen werden, etwaigen Fällen dieser Art nachzuspüren. Tatsächlich scheint es gesicherte Beispiele dafür zu geben.

I. In dem berühmten Buche von Dobshanski »Geneties and the origin of species«, 2. Auflage New York 1941, wird die Grasart Spartina Townsendii erwähnt, welche erstmalig 1870 an einem Orte Südenglands entdeckt wurde. Nach den Ergebnissen genetischer Analyse ist sie entstanden durch eine Artkreuzung in Verbindung mit einer Chromosomen-Mutation in Richtung zur Polyploidie. Anschließend wurde eine rasche Ausbreitung beobachtet: 1902 bedeckte dieses Gras große Gebiete an der englischen Küste; 1906 gelangte es auch an der französischen Küste zu rasch vergrößerter Ausbreitung.

Diese Tatsachen machen wohl wahrscheinlich, daß der komplizierte (schon seiner Natur nach als selten vorkommend zu vermutende) Entstehungsvorgang sich genau nur einmalig abgespielt hat, so daß alle aufgetretenen Pflanzen dieser neuen Art *zur Nachkommenschaft einer einzigen* gehörten. Zwar konnte man nicht beweisen, daß es nicht andere Fälle eines Gelingens des gleichen Vorgangs gegeben hat, wobei die fraglichen Pflanzenexemplare zufällig einer Vernichtung anheimgefallen sind, bevor sie zur Vermehrung schreiten konnten. Wäre aber die Wahrscheinlichkeit eines Zustandekommens gerade dieses Vorgangs in einer normalen Verhältnissen entsprechenden Menge von Exemplaren der Ausgangspflanzen groß genug gewesen, um wenigstens innerhalb historischer Zeiträume seine wiederholte Verwirklichung zu sichern, so hätte es nicht ausbleiben können, daß die fragliche Grasart schon seit vorgeschichtlicher Zeit erhebliche Gebiete der Kanalküsten besetzt hätte: Der für diese Mutation offenbar zustande gekommene Selektionsvorteil macht jede Deutung, welche die Einmaligkeit des Vorgangs leugnen möchte, schwierig.

II. Nicht weniger beweiskräftig scheint mir folgendes Beispiel, ebenfalls bei Dobshanski besprochen: In einem kalifornischen Gebiet von Citrus-Plantagen hatte man ein schädliches Insekt durch ein gewisses Gift nahezu ausgerottet. Dann jedoch trat eine gegen das Gift immune Mutation des Insektes auf und machte die geschehenen Anstrengungen zunichte. Genauere, in Karten dargestellte Untersuchung ergab, daß die immune Form zunächst nur in der Umgebung eines bestimmten Punktes im fraglichen Gebiet aufgetreten ist, aber von dort aus weitere Verbreitung erreichte — das Verbreitungsgebiet jedes späteren Zeitpunkts schloß das jeweils frühere ein, dabei stets als Ganzes zusammenhängend. Hier ist wohl in handgreiflicher Deutlichkeit angezeigt, daß die neue, immune Rasse der Insekten im Ganzen aus der Nachkommenschaft eines einzigen mutierten Insektes stammte, ohne Hinzukommen neuer Fälle der gleichen Mutation, welche unter Einwirkung der Schädlingsbekämpfung einen so bedeutenden Selektionsvorteil für die mutierten Insekten ergab.

III. Ein letztes ebenfalls aus dem Buche von Dobshanski entnommenes Beispiel gibt mir den Verdacht des auch darin enthaltenen Nachweises der Einmaligkeit gewisser Mutationen; jedoch möchte ich von einer über die Äußerung dieses Verdachts hinaus gehenden Beurteilung absehen, dieses Beispiel lieber der Diskussion der Spezialisten überlassend. Es handelt sich darum, daß man einen ganzen Stammbaum amerikanischer Drosophila-Varietäten aufstellen konnte auf Grund der Feststellung, daß diese Varietäten in einem Stammbaum-Schema so angeordnet werden können, daß in diesem Rahmen zu je einer Varietät eine (oder mehrere) andere gehören, welche sich genau durch eine Chromosomen-Mutation von ihr unterscheidet. Mein Verdacht geht dahin, daß die fraglichen Mutationsakte auch hier als einmalig verwirklichte Vorgänge vorgestellt werden müssen. Obwohl ich den Beweis in diesem Falle nicht als ebenso klar empfinde, wie in den Fällen I, II, möchte ich doch auch dieses dritte Beispiel erwähnen. Gesichert ist wohl angesichts dieser Beispiele, daß das von uns erfragte Vorkommen erdgeschichtlich einmaliger Mutationsakte mit einer bis in die Stufe der Phylogenie reichenden Auswirkung bejaht werden muß.

Es scheint mir berechtigt, dies Sonderthema einer ernstlichen Beachtung und Weiterbearbeitung zu empfehlen. Die Ergebnisse könnten geeignet sein, Anhaltspunkte zu liefern für durchaus neuartige Klärungen in fast unzugänglich scheinenden Grundfragen der Biologie. In meinem erwähnten Buche habe ich mich nicht gescheut, zu erwähnen, daß in viel größerem Maße, als man gewöhnlich denkt, ernste Naturwissenschaftler immer wieder Zweifel bekommen, ob die übliche Zurückführung der Phylogenie auf das Zusammenwirken der Selektion mit »zufälligen« oder »ungerichteten« Mutationen wirklich realistisch durchführbar ist — die oft, zum Teil auch von bedeutenden Naturwissenschaftlern und Mathematikern geäußerten Zweifel gegenüber der populären Fassung des Darwinschen Gedankens sind in der wissenschaftlichen Diskussion bislang mehr verdrängt als widerlegt worden, trotz der sehr ernsten und anerkennenswerten Bemühung gerade des Dobshanskischen Buches in dieser Richtung, welches beachtenswerte, aber doch wohl nicht voll ausreichende Beiträge zur Überwindung der fraglichen Zweifel vorbringt. Daß ein gewisses in dieser Diskussion gern benutztes und für besonders schlagkräftig gehaltenes Argument jedenfalls unrichtig ist, werden wir hernach (§ 10) noch besprechen. Aber auch getrennt von dieser wichtigen Frage besitzt das Thema der erdgeschichtlich einmaligen Mutationsereignisse wohl naturwissenschaftlichen Reiz genug, um ernste Untersuchung zu verdienen.

§ 9. Zu den Informationen, welche uns das terrestrische organische Leben selber zu geben vermag, gehört die Tatsache, die in der Literatur meines Wissens nicht durch einen besonderen Namen bezeichnet worden und auch nicht als besonders auffällig gewürdigt worden ist: Man könnte sie als die *monophyletische* Lebensherkunft bezeichnen. (Allerdings kommt dieses Wort entgegen meiner ursprünglichen Meinung doch schon in älterer Literatur gelegentlich vor; der gemeinte Tatbestand ist aber wohl nicht ausreichend erörtert worden.) Damit meine ich die Tatsache, daß der gesamte Stammbaum aller Tier- und Pflanzenarten aus einer einzigen Wurzel hervorgegangen zu sein scheint. Daß die moderne Genetik die Realität dieser monophyletischen Lebensherkunft noch viel deutlicher und zwingender demonstriert, als alle älteren Untersuchungen zu »Stammbaum«-Fragen getan haben, wurde in der Literatur der Genetik bereits vor langem ausgesprochen.

Diese monophyletische Herkunft des Lebens hat Ernst Haeckel bei seinen phylogenetischen Bemühungen wohl sehr deutlich vorgeschwebt, ist aber seinerseits anscheinend mehr als vermeintliche Selbstverständlichkeit aufgefaßt worden — weniger als ein Sachverhalt empfunden, für den man theoretisch auch abweichende Möglichkeiten erdenken könnte. Es wäre ja aber denkmöglich gewesen, daß das organische Leben der Erde historisch aus mehreren, unabhängig voneinander zustandegekommenen Ursprungsvorgängen erwachsen wäre — ähnlich, wie später die Flechten (in ihren etwa 17 000 verschiedenen Arten) als Symbiosen von Algen und Pilzen entstanden sind, und zwar wahrscheinlich wiederholt, in mehrfachen Ansätzen, da recht verschiedene Algenarten an diesen Symbiosen beteiligt sind. Von Haeckel wurde ja seinerzeit das Wort »Urzeugung« vorgeschlagen als Bezeichnung desjenigen Vorgangs, welcher aus noch anorganischer, nicht organisch organisierter Materie eine früheste Lebensstufe hervorgehen ließ. Wenn wir uns erlauben wollen, dieses Wort wegen der Bequemlichkeit seiner Benutzung aufzugreifen, ohne uns voreilig auf eine speziellere Ausmalung des fraglichen hypothetischen Vorgangs festzulegen, so können wir die jetzt gemeinte Tatsache auch so ausdrücken, daß es in der Erdgeschichte augenscheinlich nicht zu wiederholten Vorgängen der Urzeugung gekommen ist — die eine gewisse Mannigfaltigkeit verschiedener Anfangsformen der Phylogenie geliefert haben könnten.

Zur Hypothese der Urzeugung ist schon frühzeitig der Einwand erhoben, daß sie, wenn sie naturgesetzlich möglich war, auch heute noch und immer wieder eintreten sollte. Als Ausweg aus dieser Schwierigkeit hat man dann angeführt, daß die heute bis in alle Nischen mit Mikroben verschiedenster Art erfüllte Erdoberfläche für jedes neu entstehende Eiweiß-Leben raschen Verzehr durch schon in Vielzahl vorhandene Kleinstorganismen garantieren wird. Jedoch wäre es wohl nicht ganz überzeugend, diese Erwägung als Erklärung auch dafür geltend zu machen, daß das Fehlen weiterer Urzeugungsansätze in solcher Schärfe festzustellen ist, wie sie sich tatsächlich zu zeigen scheint: Man kann wohl

kaum umhin, die Folgerung zu ziehen, daß die tatsächlich eingetretene Urzeugung durch den Engpaß einer außerordentlich geringen Wahrscheinlichkeit behindert war. Daß dieses Ergebnis für
die Stellungnahme zur exobiologischen Hypothese sehr gewichtig
ist, bedarf kaum der Hervorhebung. Wir wollen jetzt unsere Aufmerksamkeit aber nur auf das als empirische Tatsache gegebene
terrestrische Leben und seine Ursprungsgeschichte richten.

Die viel erörterten modernen Ergebnisse, wonach in der
ursprünglichen Erdatmosphäre, als vorwiegend aus Wasserstoff-
verbindungen bestehend gedacht, sowohl Ultraviolett als auch
elektrische Entladungen kleine Mengen von Aminosäuren erzeugt
haben müssen, wird man sinngemäß als Beiträge zur Ausmalung
des Bildes der Erde vor der »Urzeugung« einzuordnen haben —
die erdgeschichtlich frühe Ansammlung von Aminosäuren wird
aber begünstigt haben, daß es zu rascher Vermehrung frühester
Lebensformen kam, sobald diese durch »Urzeugung« in die
Existenz getreten waren. Als präzisierte Vorstellung von dieser
hypothetischen Urzeugung wird man sich die erstmalige Bildung
von Molekülen mit der Befähigung zu autokatalytischer Vermehrung denken sollen; auf diese Weise die Vermehrungsfähigkeit
zur definierenden Eigenschaft der untersten Stufen oder Vorformen des Lebens machend. Diese Vorformen wären dann den heutigen Virus-Molekülen ähnlich durch ihre autokatalytische Vermehrungstätigkeit, für die jedoch kein Wirtsorganismus erforderlich, sondern die damaligen Aminosäuren ausreichend gewesen
wären.

Was in § 8 festgestellt wurde über das historische Vorkommen
phylogenetisch bedeutungsvoller Quantensprünge (= Mutationen), welche infolge äußerst geringer Wahrscheinlichkeit erdgeschichtlich einmalig geblieben sind, ermutigt nun zu einer letzten Radikalisierung dessen, was zum Thema des monophyletischen
Ursprungs des terrestrischen Lebens ausgeführt wurde. Der Verfasser hat ungefähr 1943 darauf hingewiesen, daß eine wohl-
bekannte, aber seit ihrer im vorigen Jahrhundert erfolgten Entdeckung unerklärt gebliebene empirische Tatsache in dem jetzt

betrachteten Zusammenhang erstmalig ihre Erklärung findet und zugleich einen bedeutungsvollen Beitrag zur Aufhellung der erörterten Fragen liefert. Diese Tatsache ist die *Nichtrazemie* fast aller wesentlichen Substanzen in den lebenden Organismen. Das Fehlen von *Spiegelbildern* zu den meisten komplizierteren Molekülarten, die in Organismen vorhanden sind, ist bei Entdeckung dieser Tatsache mit äußerstem Erstaunen aufgenommen worden. Das aufzuklärende Problem ist natürlich nur die erstmalige Eingliederung dieser Unsymmetrie in die stoffliche Zusammensetzung der Organismen — ihre sowohl bei Ernährung als auch Fortpflanzung festzustellende Aufrechterhaltung ist unproblematisch. Als allgemeinste Erscheinung des biochemischen Erfahrungsbereiches verlangt diese Erscheinung sicherlich zur Erklärung einen Vorgang, der historisch sehr früh eingetreten ist — vielleicht schon bei der »Urzeugung« selbst. Wir können hier wohl kaum der Schlußfolgerung entgehen, daß diese Urzeugung selber als ein Beispiel jener einmaligen phylogenetisch wirksamen Quantensprünge vorgestellt werden muß, welche nach Obigem für andere, sehr viel weniger bedeutungsvoll gewesene Mutationsakte als historische Realität der terrestrischen Geschichte des Lebens festzustellen ist. Wenn bei der »Urzeugung«, also bei der Umwandlung nicht vermehrungsfähiger Moleküle in autokatalytisch vermehrungsfähige, die Anzahl der umgewandelten Moleküle groß gewesen wäre, so wäre als Ergebnis ein razemisches Gemisch entstanden. Wenn aber — und das muß wohl der Fall gewesen sein — nur an einem einzigen Molekül diese Umwandlung eintrat, so war die damit erzeugte Abweichung von der Razemie von Beginn an der gesamten Nachkommenschaft dieses einen vermehrungsfähigen Moleküls aufgeprägt.

Es kann dabei offenbleiben, ob das zur Vermehrungsfähigkeit gekommene Einzelmolekül schon vorher von seinem Spiegelbild verschieden war, oder ob es bei der sprunghaften Umwandlung zur Vermehrungsfähigkeit auch diese Unsymmetrie gewann; ebenfalls offenbleiben kann und muß die Frage, ob der damalige Quantensprung eine bloße strukturelle Umlagerung des Moleküls bedeutete, oder aber eine chemische Reaktion mit einem zweiten Molekül.

Für die exobiologische Hypothese bedeuten diese Überlegungen, wenn sie als berechtigt anerkannt werden, eine Erleichterung ihrer Verneinung. Da jedoch für irgendeine quantitative Schätzung vorderhand noch keinerlei Möglichkeiten erkennbar sind, bleibt es nach wie vor weitgehend eine Ermessensfrage, welches Urteil man für wahrscheinlicher halten will.

§ 10. Den Zweifeln an der Berechtigung, ungerichtete Zufallsmutationen in Verbindung mit Selektion als ausreichende Erklärungsgrundlage der phylogenetischen Entwicklung anzusehen — ich habe oben das Vorhandensein solcher Zweifel erwähnt, ohne sonst darauf einzugehen — ist ein Argument entgegengehalten worden, welches auf den ersten Blick durchschlagend zu sein scheint, aber bei näherer Betrachtung seine Überzeugungskraft verliert. Diese nähere Betrachtung soll im Folgenden skizziert werden.

Ausdrücklich wollen wir uns dabei beschränken auf die Prüfung, ob dieses Argument als solches Anerkennung finden kann und muß oder nicht: Wenn wir zu dem Ergebnis kommen, daß es verworfen werden muß, so könnte trotzdem die Theorie, für deren Stützung es erdacht ist, aufgrund anderer Beweise als richtig zu erkennen sein — darüber soll mit den Überlegungen dieses Paragraphen keine Aussage gemacht sein.

Das fragliche Argument kann so vorgetragen werden: Wenn eine Organismenart eine nicht zu kleine Anzahl N von Genen hat, und wenn man bedenkt, daß jedes dieser Gene mindestens in zwei verschiedenen »Allelen« auftreten kann, so erhält man rechnerisch daraus eine ungeheuer große Anzahl theoretisch denkbarer Mutanten. Deshalb darf man der Theorie »Evolution = Mutationen + Selektion« starkes Vertrauen schenken, weil die Selektion ein ungeheuer umfangreiches Material für ihre Betätigung vorfindet.

Die Unrichtigkeit dieses Arguments (aber selbstverständlich noch keineswegs die Unrichtigkeit der Theorie, für deren Stützung es gedacht war) ergibt sich folgendermaßen: Die nach dem angegebenen Schema berechnete Zahl denkbarer Mutationen ist so groß, daß sie gar keine reale Bedeutung hat. Selektion kann ja nur auf real vorhandene Mutanten wirken — die jemals in der Erdgeschichte verwirklicht gewesenen Exemplare einer Tier- oder Pflanzenart hatten aber nur eine solche Anzahl, die winzig klein war gegenüber der mathematischen Zahl denkbarer Mutanten — so daß diese mit dem wirklichen Problem überhaupt nichts zu tun hat.

Wir wollen diese Erwägung durch ein Beispiel beleuchten. Bei der berühmten Fliege Drosophila ist die Anzahl N der Gene schon beträchtlich. N. Timofeeff-Ressovsky, dessen Freundschaft mir vielfältige Belehrung über die Genetik vermittelt hat, pflegte die vermutliche Zahl N für diesen Fall auf ungefähr $N = 10\,000$ zu schätzen. Andere Verfasser bevorzugen wohl kleinere Schätzwerte; doch wird dadurch die zu betrachtende Sachlage nicht sehr erheblich verändert, und ich will deshalb den Wert $N = 10\,000$ im Folgenden zugrunde legen, da er den auszuführenden Überlegungen besondere Deutlichkeit verleiht. In sehr grober und gewaltsamer Vereinfachung wollen wir uns vorstellen, daß jedes dieser N Gene in nur zwei verschiedenen Zuständen auftreten könnte — also eine ungeheure Verkleinerung der Anzahl der bei einer mehr realistischen Betrachtung als möglich zu bezeichnenden Mutanten. Es verbleibt dann als theoretische Anzahl denkbarer Mutanten immerhin noch die Zahl $\Omega_0 = 2^{10000}$, welche wegen $2^{10} = 1024$ noch um einen erheblichen Faktor größer als eine 1 mit 3000 Nullen dahinter ist.

Daß diese Zahl, obwohl nach dem in obiger Argumentation gedachten Rezept berechnet, mit realen Verhältnissen überhaupt nichts zu tun hat, wird klar bei einem Vergleich mit denjenigen sehr großen Zahlen, die in der Kosmologie auftauchen. Es ist ja einigermaßen wahrscheinlich geworden, daß der Kosmos zwar von gewaltiger, aber doch endlicher Größe ist — derart, daß er ungefähr 10^{80} Elektronen enthalten dürfte. Auch sein Rauminhalt ist nach einigermaßen begründeten Vorstellungen wahrscheinlich endlich, den Rauminhalt eines Atomkerns um einen ungefähren Faktor 10^{120} übertreffend. Aber diese und sonstige den Kosmos mit Elementarteilchen vergleichende Zahlen sind trotz ihrer Größe immer noch von winziger Kleinheit gegenüber der Zahl Ω_0, die viel größer als 10^{3000} ist.

Die Anzahl von Drosophila-Fliegen, welche im Lauf der Erdgeschichte existiert haben mögen, waren sogar im Vergleich mit »kosmologischen Zahlen« winzig klein. Die an realen Fliegen ausgeübten Selektionswirkungen haben also gar nichts zu tun mit denen, die man sich theoretisch denken könnte für ein Material von Ω_0 verschiedenen Mutanten.

Diese kleine Überlegung, die einerseits ein in der Diskussion der Evolutionstheorie vorgebrachtes Argument entkräftet, kann auch für manche andere Überlegungen nützlich sein, wovon ich zwei Beispiele erwähne.

A) W. Elsasser hat in scharfsinnigen Überlegungen durchdacht, wieweit man die berühmten Gedankengänge der statistischen Mechanik übertragen könnte auf biologische Fälle — wobei es sich also darum handeln würde, statt Kollektiven von Atomen Kollektive organischer Individuen zu betrachten. Er erkennt dabei in eindrucksvollen Ausführungen als grundlegende Verschiedenheit beider Fälle die Tatsache, daß im biologischen Fall die real auftretenden Individuenzahlen stets winzig klein sind im Vergleich zu den in Betracht kommenden Anzahlen theoretisch denkbarer möglicher Fälle. Diese letzteren haben nämlich Anzahlen, die weit oberhalb jeder sonst in quantitativen Überlegungen erwogenen Größenordnungen liegen. Elsasser bezeichnet sie als riesige (»immense«) Zahlen; und obiges Ω_0 kann als Veranschaulichung dafür dienen.

B) Da man wohl grundsätzlich behaupten kann, daß der Kompliziertheitsgrad organismischer Strukturen, sofern man ihn irgendwie zahlenmäßig anzudeuten versucht, stets auf die Größenordnungen der riesigen Zahlen führt, so ergibt sich ein neuer Gesichtspunkt für die Beurteilung der Möglichkeiten künstlicher Synthese organischer Strukturen. Die »vitalistischen« philosophischen Ansichten — soweit sie eine präzisierte Form gefunden haben — neigen dazu, beispielsweise zu behaupten, daß die künstliche Synthese einer lebenden Zelle unmöglich sei, weil sie neben einer materiellen Konstruktion auch etwas noch dazu Kommendes erfordern würde — einerlei, ob es als »Seele« oder etwa als »Entelechie« bezeichnet würde. Die naive »Maschinentheorie der Organismen« behauptete im Gegenteil die grundsätzliche Möglichkeit solcher Synthesen, und optimistische Vertreter erschlossen darüber hinaus (in einem angeblich nur noch geringfügig weitergehenden Schritt) die Konstruierbarkeit oder Manipulierbarkeit auch eines lebenden Menschen (bzw. seines »Ersatzes durch Besseres«).

Gegenüber dieser scheinbaren Alternative zwischen zwei entgegengesetzten Auffassungen ergibt sich angesichts des durch Ω^0 ausgedrückten Kompliziertheitsgrades organismischer Strukturen folgende neuartige Antwort auf die Frage nach der Möglichkeit der Synthese einer lebenden Zelle:

1. Keinerlei naturgesetzliches Hindernis macht eine solche Synthese grundsätzlich unmöglich.

2. Trotzdem ist nicht nur die Durchführung dieser Synthese, sondern auch jede vorbereitende Annäherung daran praktisch unmöglich, weil dazu experimentelle Einzelschritte erforderlich wären, deren Anzahl in die Größenordnung der riesigen Zahlen fällt. Die Arbeitsdauer für eine solche Synthese würde also groß genug sein, um das heutige Alter des Kosmos demgegenüber als winzig (dem Reziproken einer riesigen Zahl entsprechend) erscheinen zu lassen.

§ 11. Die obigen Erwägungen erhalten eine bedeutungsvolle Ergänzung durch den schon in anderen Teilen des Buchinhalts gewürdigten gewichtigen Staudingerschen Satz, nach welchem im Organischen *alles bis zum Molekül hinunter durchstrukturiert* ist. Man könnte auch umgekehrt gerade diese Staudingersche Erkenntnis zum Ausgangspunkt einer Betrachtung nehmen, welche inhaltlich die gleichen Gesichtspunkte zu setzen hätte, wie oben geschehen, nur in anderer Reihenfolge. Wir betonten schon, daß der Staudingersche Satz geradezu als erstmalig gelungene Definition oder Kennzeichnung der Naturerscheinung des organischen Lebens in seiner Verschiedenheit von allen sonstigen angesehen werden darf. Diese Definition nimmt, indem sie auf die Moleküle hinweist, Bezug auf die fundamentale Erkenntnis, daß die Atome als Realität erwiesen sind, trotz der im Anfang dieses Jahrhunderts vorhanden gewesenen kritischen Zweifel. Sie liefern auch die Unterlage für das biologische Geschehen. Indem diese Definition ferner die Durchstrukturierung des Organischen bis zum Molekül hinunter feststellt, begründet sie die ungeheure Kompliziertheit organischer Strukturen: Zu jedem verwirklichten Organismus gibt es eine »riesige« Zahl denkmöglicher, welche ihm bis auf winzige Verschiedenheiten gleich sein würden. Zugleich macht aber diese Kennzeichnung des Organischen verständlich, daß in seinem Rahmen jene Verstärkerwirkungen auftreten können, welche das Zustandekommen typischer biologischer Quantenerscheinungen ermöglichen. Verständlich ist aber auch, daß Strukturen solcher Art, wie der Staudingersche Satz sie beschreibt, nur nach dem Gesetz der Erzeugung komplizierter Strukturen aus anderen Strukturen ähnlicher Kompliziertheit hervorgehen können: Die organische Vermehrungsfähigkeit ist ebenfalls eine der notwendigen Voraussetzungen der Existenzfähigkeit organischen Lebens.

13. Die Einordnung der Parapsychologie

Der Themenkreis der Parapsychologie hat mannigfaltige Beziehungen zu verschiedensten Gebieten geistigen Lebens, und ich möchte versuchen, weiteres Nachdenken anzuregen zu folgender Frage: Wie können wir im Zusammenhang naturwissenschaftlichen, insbesondere physikalischen Denkens vielleicht dazu gelangen, für diese seltsamen Tatsachen etwas wie eine Einordnung in unsere sonstige, uns gewohnte Vorstellungswelt zu finden? Ich weiß aus mancherlei im Laufe vergangener Jahrzehnte geführten Gesprächen mit zeitgenössischen Physikern, daß gerade diese zum Teil recht vorurteilsfrei zu den parapsychologischen Erscheinungen eingestellt sind und verhältnismäßig bereitwillig dieses Gebiet wirklich als ein Tatsachengebiet ansehen. Vielleicht ist das gar nicht so überraschend: Gerade die Physiker haben in einem Zeitraum, der heute schon etwa ein Jahrhundert umfaßt, eine große Aufgeschlossenheit ausüben müssen — ihre Lernwilligkeit, ihre Fähigkeit, sich zu lösen aus Gedankengängen, die vorher lange Zeit als fertig und unabänderlich gegolten hatten, ist in diesem Zeitabschnitt wiederholt auf harte Proben gestellt worden; und die ans Märchenhafte grenzenden Erfolge, welche die Erkenntnissuche der Physik in diesen hundert Jahren erzielen konnte, sind gerade dadurch möglich geworden, daß die führenden Köpfe der physikalischen Forschung erfolgreich zu unterscheiden vermochten zwischen Urteil und Vorurteil — daß sie bei Verzicht auf überkommene Denkformen keineswegs in eine grundsätzliche Unsicherheit des Denkens und Urteilens gerieten, sondern in den neu gefundenen Tatsachen bewunderungswürdig schnell die entscheidenden Anhaltspunkte fanden für die Gestaltung neuer Denkweisen, die uns vom Gewohnten weit entfernten, aber uns näher heranbrachten an die im Experiment erfahrene Wirklichkeit.

Natürlich wird jedes wissenschaftliche Nachdenken und wissenschaftliche Gespräch über die Parapsychologie erschwert dadurch, daß man schon in den Ausgangspunkten Entscheidungen treffen muß, welche Tatsachen aus diesem Erscheinungsgebiet wir als solche anerkennen wollen — es gibt ja auch heute noch viele durchaus nicht urteilslose Zeitgenossen, die das Vorhandensein parapsychologischer Tatsachen in Bausch und Bogen bezweifeln oder verneinen möchten, alle diesbezüglichen Berichte als auf Irrtum oder auf Betrug und Taschenspielerei beruhend ansehen. Wie ich schon angedeutet habe, fühle ich mich keineswegs als ein isolierter Einzelner unter meinen wissenschaftlichen Fachkollegen, wenn ich meinerseits dazu neige, die Tatsächlichkeit der parapsychologischen Erscheinungen in einer gewissen Breite anzuerkennen. Da diese Aussage natürlich erst dann einen deutlichen, faßbaren Inhalt gewinnt, wenn auf konkrete Einzelheiten eingegangen wird, so möchte ich sagen, daß bezüglich der Frage, welche Berichte als ernst zu nehmen anerkannt werden dürfen und sollen, und welcherlei Erscheinungen aufgrund solcher Berichte als erwiesene Tatsachen anzusehen sind, mein Urteil weitgehend übereinstimmt mit demjenigen, welches Hans Bender in verschiedenen Publikationen vertritt.

Dazu gehört insbesondere, daß ich dazu neige, die Telepathie oder Gedankenübertragung als eine Sache anzusehen, die ähnlich gut bewiesen und begründet ist wie etwa die ebenfalls erstaunlichen, ebenfalls früher von nicht wenigen Beurteilern als irreal angesehenen Wirkungen der Hypnose. Ich möchte es also als eine Tatsache ansehen, daß bei gewissen Versuchspersonen — oder besser bei gewissen *Paaren* A, B von Versuchspersonen — die Möglichkeit gegeben ist, daß B beispielsweise Bilder mehr oder weniger deutlich zu erkennen vermag, welche A sich gerade jetzt vor Augen hält, obwohl dabei für B keinerlei Möglichkeit gegeben ist, unmittelbar und auf normale Weise die fraglichen Bilder selber zu sehen.

Da dies heute von Vielen als Tatsache angesehen wird, so hat ein bestimmter theoretischer Deutungsversuch viel Anklang gefunden, welcher behauptet, daß die psychischen Vorgänge jedes Menschen A durch irgendeine Art von *Strahlung* auf räumlich entfernte »Empfänger« B einwirken können. Es erscheint mir wichtig, klar zu sehen, daß dies ein durchaus abwegiger Erklärungsversuch ist. Zwar wissen wir ja, daß tatsächlich die Gehirnvorgänge jedes Menschen A von gewissen elektrischen Schwingungen begleitet sind — man kann diese beobachten und messen unter Anbringung elektrischer Instrumente am Kopf des A. Aber sie sind sehr schwach und schon in wenigen Zentimetern oder gar Dezimetern vom Körper des A praktisch unbeobachtbar geworden. In üblichen Experimenten zur Telepathie sind »Sender« A und »Empfänger« B gewöhnlich z. B. 10 Meter voneinander entfernt; und man hat erfolgreiche Experimente durchgeführt über Entfernungen, die von Kilometern bis zu Hunderten von Kilometern aufwärts reichen. Ob Telepathie möglich ist, wenn sich A auf dem Mond und B auf der Erde befindet, scheint noch nicht untersucht zu sein; aber schwerlich würde ein Kenner des vorhandenen Materials erstaunt sein, wenn auch das positiv bestätigt werden könnte. Denn jedenfalls waren erfolgreich verlaufene Übertragungen möglich, bei denen A in einem getauchten Unterseeboot saß oder B in einem metallischen »Faraday-Käfig«, der mit Sicherheit jede *elektromagnetische* Strahlungswirkung abschirmte.

Man könnte also von vornherein die »Strahlungshypothese« nur dann als ernstzunehmende Erklärungsmöglichkeit in Betracht ziehen, wenn man sich die fragliche Strahlung als eine solche vorstellen würde, die nicht auf elektrischen Wellen beruht. Daß aber physikalische Strahlenarten existieren, welche den Physikern bislang noch unbekannt geblieben wären, und welche ausgerechnet von Gehirnen erzeugt (und empfangen) werden könnten, das ist eine physikalisch so unglaubhafte Meinung, daß sie zur wissenschaftlichen Klärung des betrachteten Gebietes nichts beitragen kann.

Ich will aber in ganz kurzer und vorläufiger Weise schon jetzt erwähnen, daß ein Verfasser Linsbauer vor Jahrzehnten folgende Bemerkung vorgetragen hat: Wenn ein telepathischer Empfänger B sich bemüht, eine deutliche Vorstellung zu gewinnen von einem seinerseits empfangenen Inhalt (z. B. einem Bild oder einem Wort), so verhält er sich ähnlich, als wenn eine Person einen vergessenen Erinnerungsinhalt wiederzufinden sucht. Sucht B in seinem Gedächtnis ein vergessenes Wort, so beginnt er ja gern ein Raten, das zunächst andere Wörter zutage kommen läßt — nicht notwendigerweise solche, die dem gesuchten akustisch ähnlich sind, sondern auch solche, die assoziativ dem gesuchten nahestehen. Ähnliches zeigt sich also nach Linsbauer auch beim telepathischen Auffinden fremder psychischer Inhalte; und diese Bemerkung — deren Richtigkeit man an Hand vieler in der Literatur vorliegender Berichte bestätigen kann — verlockt zu weitergehenden Vermutungen: Vielleicht könnte man, an Freuds Bemühungen um die Erkennung des Unbewußten denkend, vermuten, daß die ganzen beim Suchen nach Vergessenem möglich werdenden Komplikationen — mit »Verdrängung« als Hindernis des Sicherinnerns, und allen daran anschließenden Erscheinungen — auch in Telepathie-Experimenten wiederzufinden wären.

Anstelle der irreführenden, unfruchtbaren Versuche, in der telepathischen Übertragung eine »unbekannte Strahlung« entdecken zu wollen, führt uns also die psychologische Betrachtung auf Fragen hin, die unmittelbar den Eindruck erwecken, fruchtbare und sachgemäße Fragen zu sein; und wir wollen diesem Eindruck ein wenig nachgehen.

Anregung dazu kann uns die moderne Physik auch aus sich selber geben. Die tiefdringenden erkenntnistheoretischen Überlegungen, zu denen die moderne Physik in ihrem Weg durch das letzte Jahrhundert veranlaßt war — 1964 war der 100. Jahrestag der berühmten Vorlesung Maxwells vor der Royal Society über die Theorie des elektromagnetischen Feldes —, haben immer wieder die Fruchtbarkeit des Bemühens gezeigt, ungelöste, ungeklärte Fragen der Physik dadurch durchsichtiger zu machen, daß man auf den in ihnen enthaltenen Kern von solchen Fragen zurückging, die unmittelbaren Bezug auf die *Beobachtungstatsachen* nehmen.

So kam Einstein zu seiner (speziellen) Relativitätstheorie,

indem er durchdachte, wieso die Frage nach der Gleichzeitigkeit zweier räumlich weit getrennter Ereignisse sich darstellen läßt, wenn man auf unmittelbar vollziehbare Beobachtungen zurückgeht — dann wird klar, daß ein Signalaustausch zwischen den beiden Orten nötig ist, dessen sorgfältige Durchdenkung zu der berühmt gewordenen Relativierung der Gleichzeitigkeit führt. Ähnlich ergab sich die »Quantenmechanik« später aus der Erwägung, daß inner-atomare Bewegungen von Elektronen keineswegs Gegenstand unmittelbarer Beobachtung sein können. Und Maxwells eigene große Leistung für die Elektrizitätslehre ergab sich aus der Besinnung darauf, welche elektromagnetischen physikalischen Größen Gegenstand messender Beobachtung werden können — sie zu verfolgen, war fruchtbarer als das Suchen und Spekulieren betreffs geheimnisvoller angeblicher Äther-Eigenschaften.

Es ist gewissermaßen eine Verlängerung, eine Fortsetzung dieser in der modernen Entwicklung der Physik so mächtig durchgesetzten Bestrebung des Zurückgehens auf unmittelbare Erfahrungstatsachen, wenn wir auch den Fundamentalbegriff der realen Außenwelt einer kritischen Zergliederung unterziehen, in der wir uns ebenfalls um Zurückführung auf unmittelbar Gegebenes bemühen. Wir wollen uns die Frage stellen, was eigentlich der Unterschied sei zwischen einer realen Beobachtung und einer *Halluzination*. In unserem Alltagsdenken sind wir gewohnt, zu sagen, daß die reale Beobachtung eine Kenntnisnahme objektiven Geschehens sei, die Halluzination hingegen eine nur ein einzelnes Bewußtsein angehende Vorspiegelung von Vorgängen, die es objektiv gar nicht gibt. Unter den Philosophen hat O. Külpe deutlich empfunden, daß hier ein Denkschritt vollzogen wird, dessen Berechtigung beweisbedürftig ist: Wieso ist es überhaupt begründbar, daß wir von einer realen Außenwelt sprechen? In einer morgenländischen Erzählung — sie gehört nicht zu denen aus Tausendundeiner Nacht — wird erzählt, daß ein Sultan einmal im Ungewissen war, ob er wache oder träume. Um das zu klären, biß er sich auf den kleinen Finger — er sagte sich, daß er im Wachen hierbei Schmerz empfinden müsse, im Traum hingegen nicht. Es ist also die feste und geschlossene Gesetzlichkeit unserer im Wachzustand entstehenden Erlebnisse, die uns die Gewißheit gibt, einer realen Außenwelt gegenüberzustehen. Oswald Külpe hat dies zum Thema eines umfangreichen philosophischen Buches gemacht, mit Recht empfindend, daß in dieser Richtung das scheinbar Selbstverständliche eine gründliche philosophische Besinnung herausfordert. Zu dieser Gesetzlichkeit gehört insbesondere auch, daß andere Personen die von uns erlebten Vorgänge der realen Außenwelt entsprechend miterleben, so daß wir uns mit ihnen darüber unterhalten und verständigen können.

So wies Külpe uns darauf hin, daß wir in philosophischer Sorgfalt einen Beweis anlegen müssen für die Berechtigung, die Vorstellung einer realen Außenwelt zu vertreten: Statt den Unterschied von Beobachtung und Halluzination zu definieren durch vorhandene oder nicht vorhandene Übereinstimmung mit der realen Außenwelt, müssen wir, um philosophisch gewissenhaft zu verfahren, aus den uns unmittelbar gegebenen Erlebnistatsachen heraus zunächst die Konstruierbarkeit und Definierbarkeit des Begriffs der realen Außenwelt erweisen und diejenigen Erlebnisse, die für diese Konstruktion nicht brauchbar sind, als Träume oder Halluzinationen ausrangieren.

Ist es aber eine Selbstverständlichkeit, daß bei Durchführung dieser Konstruktion sich ohne Rest eine Aufteilung unserer Erlebnisse in reale Beobachtungen einerseits (die also für jede Person »verbindlich« wären) und in ausschließlich individuelle, nur ein einziges Individuum betreffende Träume oder Halluzinationen ergibt? Es könnte geradezu als naheliegend angesehen werden, daß es daneben auch Möglichkeiten von »Zwischenstufen« zwischen »objektiver« Realität und streng individueller Traum- und Halluzinationswelt geben könnte. Damit aber hätten wir eine Modellvorstellung für die Deutung telepathischer Ereignisse, in denen sich eine Übereinstimmung von psychischen Inhalten zwischen zwei Personen ergibt, die nur für diese beiden Personen von Bedeutung ist, ohne auch für andere Personen »verbindlich« zu sein.

Die Erforschung parapsychologischer Beziehungen hat mit Recht Wert darauf gelegt, das Vorkommen von *Hellsehen* als einer ausdrücklich nicht auf Telepathie zurückführbaren parapsychischen Fähigkeit diesbezüglich Veranlagter zu beweisen. Ohne auf Einzelheiten einzugehen, möchte ich sagen, daß ich auch diesen Beweis als erfolgt ansehen möchte.

Es gibt also anscheinend auch die Fähigkeit einer Person B, unter Umständen ohne Vermittlung normaler sinnesphysiologischer Kausalität Kenntnis von realen Fakten der Außenwelt zu gewinnen, wobei diese Kenntnis nicht aus den psychischen Inhalten einer speziellen Person A entnommen ist. Dies ist sicherlich eine noch kräftigere Zumutung an unsere Bereitwilligkeit, Tatsachen höherzustellen als Vorurteile, als diejenige Zumutung, die schon durch die Telepathie an uns gestellt wurde. Aber sie verliert etwas von ihrer Herausforderung, wenn wir bedenken, daß grundsätzlich überhaupt nichts anderes als *Bewußtseinsinhalte* dasjenige sind, dessen Existenz uns unmittelbar gewiß ist. Die ganze reale Außenwelt, die zu denken uns so weitgehend als Selbstverständlichkeit erscheint, ist gar nichts anderes als ein aus Bewußtseinsinhalten abgeleitetes, zu ihrer vereinfachten Beschreibung dienendes Denkgebilde.

Solche Anerkennung auch des Hellsehens führt uns aber zu einer weitreichenden Folgerung, sofern wir den grundsätzlichen Erkenntnissen der Physik hinreichendes Vertrauen schenken. Es ist nämlich eine der umfassendsten, weitestreichenden physikalischen Erkenntnisse, daß zu jeder Wirkung auch eine Rückwirkung gehört. Entschließen wir uns zur Anerkennung des Hellsehens, also der Möglichkeit von Einwirkungen der realen Außenwelt auf eine Psyche, ohne Vermittlung normaler Kausalität, so wird es unfolgerichtig, zu bestreiten, daß es auch »Telekinese« geben könnte, als Einwirkung einer Psyche auf die reale Außenwelt — ohne Zwischenschaltung normaler Kausalität etwa in solcher Weise, daß die fragliche Psyche A eine andere Psyche B telepathisch beauftragen könnte, physiologisch normale Einwirkungen auf die Außenwelt auszuüben.

Es ist also bereits ein weiter Bereich parapsychologischer Erscheinungen, der für unsere Betrachtung gewissermaßen glaubhaft gemacht wird, sobald wir jene Denkrichtung ernstnehmen, die in den erkenntnistheoretischen Überlegungen moderner Physik so erfolgreich zutage getreten ist: In Gestalt des Grundsatzes, daß der eigentliche Inhalt physikalischer Aussagen (auch, wenn sie vielleicht nur als Hypothese ausgesprochen werden), dann in voller Klarheit heraustritt, wenn wir sie formulieren als solche Aussagen, die sich ganz unmittelbar auf Beobachtungstatsachen beziehen. Entsprechendes zu unternehmen für diejenigen philosophischen Aussagen, welche gemeint sind, sobald wir von der »realen Außenwelt« sprechen, bedeutet, uns darauf zu besinnen, daß in Wahrheit nicht dieser realen Außenwelt selber ein Inhalt unserer Beobachtung, unseres unmittelbaren Erlebens ist: Vielmehr sind Bewußtseinsinhalte dasjenige, das unmittelbar gegeben ist; und unsere Vorstellung von der realen Außenwelt ist erst das Ergebnis einer Denkarbeit, welche Unterscheidungen trifft zwischen Wacherlebnissen und Traumerlebnissen: Ein vor mir stehender Stuhl beispielsweise ist im Wacherleben nicht nur ein optisches Erlebnis, ein Bilderlebnis, sondern darin eingeschlossen ist die ganze Mannigfaltigkeit sonstiger Erlebnisse, die ich von diesem Stuhl haben kann und werde, wenn ich ihn z. B. befühle, beklopfe, hochhebe oder mich darauf setze. Indem wir aber in solchem Sinne die Verschiedenheit von Wacherleben und Traumerleben analysieren, gelangen wir zu einer im Vergleich zum Alltäglichen und Üblichen toleranteren Auffassung des Begriffes der realen Außenwelt: Wir werden darauf vorbereitet, neben den beiden bekanntesten Normalfällen (einerseits einer objektiven Realität, die für alle personalen Bewußtseinsträger gleichermaßen Bedeutung hat, und andererseits einem nur für ein einziges personales Individuum gegebenen Traum) drittens auch Zwischenbereiche als geradezu vermutbar anzusehen, welche als Schauplätze von »Gruppen-Halluzinationen« bezeichnet werden könnten und deren Erscheinungsweise dem Parapsychologischen entsprechen würde.

Jedoch gibt es von der Seite moderner Physik aus auch noch

einen anderen Zugang zur Parapsychologie, auf den ich vor längeren Jahren aufmerksam gemacht habe in einer kleinen, 1947 in Hamburg erschienenen Schrift mit dem Titel »Verdrängung und Komplementarität«. Es handelt sich dabei um den Hinweis, daß der von Freud geschaffene Begriff der *Verdrängung* geradezu als ein außerphysikalisches Seitenstück zu Niels Bohrs quantenphysikalischem Begriff der Komplementarität anzusehen ist. Daß Verdrängung sinngemäß nichts anderes ist als eine Form von Komplementarität, wird uns deutlich werden, wenn wir uns den Freudschen Begriff in einem Modellfall vor Augen halten.

Da hat jemand — er heiße C — einen Entschluß gefaßt, etwa denjenigen, eine Reise anzutreten; aber seiner Durchführung dieses Entschlusses stellen sich »Fehlhandlungen« entgegen, kleine Irrtümer, die seine Reisevorbereitungen durchkreuzen. Vielleicht gelingt es ihm, trotzdem noch im letzten Augenblick zum Bahnhof zu kommen; aber dort wird er gewahr, daß er seine im voraus gekaufte Fahrkarte zu Hause vergessen hat. Eine ärztlich durchgeführte Analyse kann in einem solchen Fall ergeben, daß C einen unbewußten Gedankengang hegte, der gegen den Reiseplan sprach — wobei es sich nicht einfach um rational erwägbare Gegengründe handelte, die gegen den Antrieb zum Reisen abgewogen werden könnten — in einem klaren Bewußtseinsvorgang, der zu einer befriedigenden Entscheidung (vielleicht in Kompromißform) geführt hätte. Sondern die gegen das Reisen sprechenden Gründe enthielten als bedeutungsvoll einen Umstand, an welchen C sich ungern erinnerte, etwa derart, daß eine im Falle des Reisens unvermeidbar werdende persönliche Begegnung für C hochgradig unerwünscht war. Zahlreiche Analysen solcher Art haben in der Erfahrung Freuds und der nach seinem Vorbild verfahrenden Ärzte oft erkennen lassen, daß das »Unbewußte«, welches hier in Aktion trat, für sein Bemühen, den von C bewußt verfolgten Plan durch störende Einwirkung scheitern zu lassen, ein erstaunliches Maß unbewußter Intelligenz aufzuwenden vermag. Zugleich zeigt sich, daß die dem C unbewußte geistige Tätigkeit sich um einen Person-ähnlichen, Kobold-artigen psychischen Kern ordnet, gewissermaßen eine dem Bewußtsein fremde »Unter-Persönlichkeit«, welche zwar bewußtseinsfremd, aber psychisch durchaus aktiv ist, auf der Lauer liegend, um das Bewußtsein von C in günstigem Augenblick zu überfahren. Die Grunderfahrung therapeutischer Art, welche aller »Psychoanalyse« zugrundeliegt, ist nun die, daß die »Bewußtmachung« solcher »Komplexe« des Unbewußten diese zum Verschwinden, zum Unwirksamwerden bringt: Bei geglückter Bewußtmachung kommt C zu der Einsicht, daß diese sein bewußtes Planen durchkreuzende Neigung, nicht zu fahren, in gewissem Sinne als ihm selber eigene Neigung anerkannt werden muß; er ist aber auch instand gesetzt, sie zu überwinden und die Reise zu verwirklichen.

Die parapsychologische Literatur bietet viele Berichte über Fälle, von denen man sagen kann, daß sie dies für die Psychoanalyse alltägliche Beispiel in einer noch gesteigerten selteneren Form vorführen. Nämlich Fälle einer sogenannten »Persönlichkeits-Spaltung« solcher Art, daß ein Mensch C. — mit sich identisch bleibend jedenfalls in seiner körperlichen Erscheinung — zeitweise abwechselnd »beherrscht« ist von zwei verschiedenen Persönlichkeiten, deren eine sich etwa D. und deren andere sich E. nennt. In manchen Beispielen war es so, daß etwa die Person D. zum Unbewußten von E. gehörte, so daß E., sobald es »anwesend« war, sich nicht verantwortlich fühlte für die von D. ausgeführten Handlungen — wobei der Fall vorkam, daß D. (seinerseits durchaus von E. wissend) zu einer hämisch-unfreundlichen Einstellung gegenüber E. neigte, beispielsweise gern der »Teilpersönlichkeit« E. irgendwelche Streiche spielend. Die therapeutische Behandlung solcher Fälle hat mitunter die Gestaltung einer gewissen »Kompromiß-Persönlichkeit« vollziehen können, die zu einem stabilen, normalen Zustand kam.

Die alltäglichen Beispiele psychoanalytischer Erfahrung können offenbar als leichtere Fälle von Persönlichkeits-Spaltung eingeordnet werden, oder deutlicher als stark unsymmetrische Fälle derart, daß eine der zwei Teilpersönlichkeiten die andere so sehr an Stärke übertraf, daß diese andere Persönlichkeit nur als koboldartiger

Komplex die Psyche stören konnte — mitunter allerdings in Formen schwerer Neurose, die ja das Hauptanwendungsgebiet psychoanalytischer Methodik ist. Nur nebenbei sei erwähnt, daß die Erscheinungsformen solcher Beeinträchtigungen der ganzheitlichen psychischen Einheit sehr mannigfaltig sind; beispielsweise kann es vorkommen, daß eine »Teilpersönlichkeit« zwar nicht dazu gelangt, zeitweise den Körper des fraglichen Menschen voll zu beherrschen, wohl aber etwa den rechten Arm, der dann vielleicht in Form des in okkultistischen Zirkeln oft gepflegten »automatischen Schreibens« Äußerungen abgibt, deren Inhalt für die »normale« Persönlichkeit E. bewußtseinsfremd ist.

Vergleichen wir dieses — hier nur in sehr eng begrenzter Andeutung skizzierte — Bild der Persönlichkeitsspaltung mit dem, was wir durch Quantenphysik z. B. vom Elektron gelernt haben, so ist das Hervortreten einer Ähnlichkeit wohl kaum zu übersehen: Während das Elektron sowohl als Teilchen als auch als Welle in Erscheinung treten kann, ist der Mensch C. imstande, zeitweise als Persönlichkeit E. oder statt dessen als Persönlichkeit D. aufzutreten. Beides kann aber nicht zugleich geschehen — ebenso, wie im physikalischen Fall die enge örtliche Konzentration unvereinbar ist mit Ausbreitung zu einem ausgedehnten Wellenvorgang, ebenso ist es für den Menschen C. unmöglich, gleichzeitig zu sagen: »Ich bin D.« und »Ich bin E.«; auch finden wir als Analogon zum quantenphysikalischen Beobachtungsvorgang, welcher eine Veränderung des Beobachteten ergibt, die Tatsache, daß die Komplexe des Unbewußten sich auflösen bei Bewußtmachung.

Man könnte die Analogie des quantenphysikalischen Beispiels zum psychologischen noch ausführlicher verfolgen — doch soll das jetzt nicht versucht werden, da es für unsere Zwecke wesentlicher ist, die grundsätzliche Denkrichtung verständlich zu machen, die hier einen aufschlußreichen Vergleich möglich macht. Übrigens liegt wohl auf der Hand, daß von hier aus auch Möglichkeiten geboten sind, berühmte Sondergestaltungen abnormer Psychologie als extreme Fälle durchaus normalen Verhaltens zu betrachten, wie z. B. Vorkommnisse der »Besessenheit«.

217

Nach Freud ist das Unbewußte keineswegs lediglich so zu betrachten, daß es sich um eine Anhäufung psychischer Inhalte handelt, die außerhalb unseres Bewußtseins liegen — etwa als »Vergessenes«. Sondern der Regelfall ist vielmehr der, daß eine psychische Aktivität der »Verdrängung« die Inhalte des Unbewußten fernhält von ihrem Eintreten ins Bewußtsein. Oft handelt es sich — den Ergebnissen der Psychoanalytiker zufolge — darum, daß das Vergessene deshalb zum Gegenstande einer Verdrängung wird, weil seine Erinnerung für die bewußte Persönlichkeit irgendwie unangenehm, peinlich werden würde; dem zu Unrecht oft als ganz »passiv« gedachten Vergessen pflegt deshalb ein aktiver Verdrängungsvorgang zugrunde zu liegen. Allgemeiner sollte man jedoch die Verdrängung — ebenso sehr, wie die Komplementarität — als ein »Urphänomen« betrachten, das hinzugehört zum Auftreten geschlossener psychischer Ganzheit; diese kann nur durch *Abgrenzung* gegenüber einem Bewußtseinsfremden gewahrt oder ermöglicht werden.

Dies läßt uns noch einmal zurückdenken an die erwähnte Bemerkung Linsbauers, nach welchem das Bemühen einer Person B., Bewußtseinsinhalte der Person A. deutlich zu erkennen, ähnlich verläuft, wie die Bemühung einer Person, Vergessenes aus der eigenen Erinnerung herauszufischen. Dies deutet darauf hin, daß einem Bewußtsein (das ja immer mit personaler Individualität verbunden ist) die Inhalte *fremden Bewußtseins* in ähnlicher Weise gegenüberstehen wie die Inhalte des *eigenen Unbewußten*.

Vielleicht darf ich der unseren Überlegungen zugrunde gelegten Entscheidung, Bewußtseinsinhalte als das eigentlich Reale anzusehen, noch eine andere Bemerkung hinzufügen. Erkenntnistheoretische Anerkennung dieses Grundsatzes ist im Grunde so naheliegend, daß man sich darüber wundern könnte, daß nicht schon längst ausführlicher in dieser Richtung gedacht worden ist. Vermutlich ist auch hierfür ein »Verdrängungsvorgang« verantwortlich gewesen, bedingt durch die verbreitete Meinung, eine Anerkennung der Bewußtseinsinhalte als primärer Gegebenheiten müßte uns unweigerlich in die gewissermaßen pathologischen

Absurditäten eines philosophischen »Solipsismus« verstricken. Daß das nicht der Fall ist, daß im Gegenteil eine sorgfältige nüchterne Analyse der Verhältnisse auch ohne logischen Kopfsprung und ohne logische Unehrlichkeit zu einer rechtfertigenden Interpretation der üblicherweise gemachten (und weitgehend tragfähigen) Denkansätze führt, hat R. Carnap schon vor längerer Zeit dargelegt in seiner Schrift: »Das Fremdpsychische und der Realismus-Streit«.

Das Thema des hiermit schließenden Aufsatzes (der aus einem Vortrag entstanden und dessen Inhalt weitgehend aus den ausführlicheren und umfangreicheren Darlegungen einer vergriffenen Schrift des Verfassers entnommen ist) scheint mir deshalb besonders reizvoll, weil darin verschiedene erfolgsträchtige Überlegungen und Forschungen in enge Wechselbeziehungen treten. Die Freudsche Psychologie des Unbewußten hat unsere Zeit kaum weniger tief beeindruckt und beeinflußt als die moderne Physik, deren Erkenntnisse durch Bohr zu einem Höhepunkt geführt worden sind. Die Machschen Gedanken zur physikalischen Erkenntnistheorie haben eine (zwar nicht allerseits voll gewürdigte, aber doch vielseitig anerkannte) zentrale Bedeutung für das moderne physikalische Denken gewonnen — auch Carnap gehört mit seiner philosophischen Denkarbeit zu den mehr oder weniger unmittelbaren Schülern Ernst Machs. Die Parapsychologie, erst in unserer Zeit aus vorwissenschaftlichen und umstrittenen Anfängen heraus zu einem echten Forschungsfelde geworden, kann durch die Herausforderung, die sie an unser wissenschaftliches Denken richtet, ein Prüfstein werden für das Maß von innerer Sicherheit — verbunden mit Tragfähigkeit und Toleranz —, die das wissenschaftliche Denken, als eine Form der Weltbemächtigung, tatsächlich erreicht hat.

14. Erkenntnis und Besinnung

Dem Naturwissenschaftler kommt es nicht zu, Erbauliches zu sagen; und auch dann, wenn wir im Kreise der Jahreszeiten durch Tage gehen, in denen die Stille und die Besinnung trotz allen Trubels unserer Umwelt ihren Anspruch melden, kann das Wort eines Naturwissenschaftlers, der zu solcher Gelegenheit nach seinen Gedanken gefragt wird, nur ein Wort verstandeskühler Überlegung und sachlicher Berichterstattung sein. Es ist ja aber durchaus nicht so, daß das, was eigentlich unser Menschsein ausmacht — jenseits des Alltags, des Berufes oder Geschäftes, der täglichen Kleinkämpfe und Sorgen — nur mit feierlichen oder gefühlvollen Worten besprochen werden könnte. Sondern auch im Nachdenken über Sinn und Wesen unseres Lebens gibt es Fragen genug, über die zu sprechen nichts anderes als nüchternes Denken fordert.

Es ist ja gerade die Nüchternheit ihres Denkens und Erkennens, aus der die Naturforschung jene eigentümliche Sprengkraft bezieht, die es ihr möglich gemacht hat, menschliche Daseinsverhältnisse ins Rollen einer fortlaufenden Umwälzung zu bringen, deren Unwiderstehlichkeit wir Heutigen fühlen, ohne recht zu wissen, ob wir uns von ihrem Schwung begeistern oder von ihrer Rücksichtslosigkeit erschrecken lassen sollen. Diese im Gange befindliche Umwälzung betrifft nicht nur die äußeren Verhältnisse, wie den Verkehr auf Straßen, Schienen, Schiffen oder in Flugzeugen und Mondraketen. Sie betrifft auch unsere geistige Welt.

Ein heutiger Geschichtsschreiber kann die Geschichte Altägyptens oder Assyriens, der Hethiter oder der Inkas beschreiben, ohne viel auf Einzelheiten dessen einzugehen, was jene Völker schon wußten von naturwissenschaftlichen Tatsachen oder mathematischen Gesetzen — z. B. Geometrie, gebraucht bei der Erneuerung der Landvermessung nach den Nilüberschwemmungen; oder Kalenderwissen und Sternenlauf. Aber die Geschichte nachnapoleonischer Zeit kann man gar nicht erzählen, ohne die Entfaltung des Industriezeitalters (also ein Teilstück der Geschichte der Naturwissenschaften) als einen Hauptinhalt moderner Weltentwicklung darzustellen.

Ebensowenig können die geistigen Entwicklungen des vorigen Jahrhunderts betrachtet und verstanden werden, ohne die Tatsache zu würdigen, daß damals der Geist der Naturforschung in dreifacher Hinsicht ungeahnt vorwärts drang: Der objektive Bestand des Naturwissens, gepflegt von den Naturforschern selber, erfuhr jene erstaunliche Erweiterung und Vertiefung, aus der nacheinander das Zeitalter der Dampfmaschine, der Elektrizität, der Motoren, der Kunststoffe und der Elektronik hervorgegangen sind. Der Einfluß dieses Denkens (weniger in seinen Ergebnissen als in seinem Stil und seiner Methodik) begann innerhalb der geistig schaffenden Schichten auch jene Menschen zu berühren und zunehmend zu durchtränken, deren in humanistischen Wissenschaften beruhende Schwerpunktsbezirke die naturwissenschaftliche Erkenntnis als etwas vorwiegend Unheimliches, Fremdartiges empfanden. Der Wind umwerfender neuer Erkenntnisse — vor allem im Sinne der biologischen Entwicklungslehre — wehte aber auch in die breiten Massen der in gesellschaftlicher Umschichtung Begriffenen hinein — den um neue ideologische Hoffnungen Ringenden erhöhten Mut gebend, sich um so entschiedener aus geistigen Bindungen loszumachen, die von deren Gegnern nun als Hindernisse soziologischen Fortschritts und als Gegensätze zur neuen Erkenntnis hingestellt wurden.

Naturwissenschaftliche Erkenntnis als unversöhnbarer Gegensatz zur überkommenen Geisteswelt religiöser Gläubigkeit, diese Vorstellung sollte für fast ein Jahrhundert das geistige Leben Europas beherrschen — ins Bewußtsein auch der Massen gebracht vor allem durch die Auseinandersetzungen um die Entwicklungslehre, aber geistig und historisch tiefer wurzelnd in jener materialistischen Naturphilosophie, die schon im alten Griechenland entstanden und später zu einem Leitgedanken abendländischer Naturforschung geworden war. Der Inhalt dieser Philosophie kann ganz kurz ausgesprochen werden: Es handelt sich um die Vorstellung, daß die Gesamtnatur eine riesige Maschine sei, ein gewaltiges Uhrwerk gleichsam; daß es das Wesen der Naturgesetzlichkeit sei, alle Naturvorgänge in lückenloser Zwangsläufigkeit voraus zu bestimmen.

Vor der Klarheit und Schärfe dieses Gedankens — wenn er wirklich zutreffend ist — scheinen sich alle jene anderen Gedanken aufzulösen, welche das Naturwesen Mensch nicht als Maschine, als Roboter ansehen wollen, sondern als ein auch im Reiche der Freiheit verwurzeltes Wesen. Wenn dieser Grundgedanke materialistischer Wirklichkeitsdeutung Wahrheit ist, dann widerlegt er alles, was jemals von religiöser Weltbewertung aus als Wahrheit betrachtet worden ist. Es gibt hier keine Überbrückung. Nur das eine kann Wahrheit sein, und das andere ist unwahr.

Zwar haben viele Denker versucht, doch Auswege aus diesem Widerspruch zu finden. Die Philosophie Kants war ein heroischer Anlauf zu diesem Ziel. Später hat man lieber in einer Zuständigkeitsabgrenzung zwischen Naturwissenschaft und Geisteswissenschaft den Gegensatz zwar nicht zu überwinden, aber durch superspezialistische Blickverengung unsichtbar zu machen versucht. Dies war die geistige Lage, zu der die Naturforschung unseres Jahrhunderts, des Atomzeitalters, ein ganz unerwartetes Wort zu sagen hatte: Es ist gar nicht so, daß die Naturgesetze allem Geschehen uhrwerksmäßige Zwangsläufigkeit auferlegen. Solche Gesetzmäßigkeit beherrscht zwar in großem Umfang die Natur — aber gerade nicht in den feinsten, wunderbarsten Vorgängen, zu deren Erkenntnis erst unser Jahrhundert Wege bahnen konnte.

Zu den Überraschungen aber, die uns aus der Erforschung des Kleinsten und Feinsten in der Natur — aus Atomphysik und Molekularbiologie — erwachsen sind, kommen andere, die aus der Erforschung des Größten stammen, der Sternenwelt, des Weltalls. Als sich Giordano Bruno durch die große Erkenntnis des Kopernikus zu kühnen philosophischen Folgerungen ermutigt sah, lehrte er, das Weltall sei unendlich groß — unendlich viele Sonnen enthaltend. Dieses unendliche Weltall aber sei von ewigem Bestand, von unveränderlicher Fortdauer, seit unendlicher Vergangenheit zu unendlicher Zukunft hin. Er hat mit dieser Lehre die allgemeine Rahmenvorstellung geschaffen, die bis in unser Jahrhundert hinein die ganze Astronomie beherrschte — die Lehre vom ewigen, nie geschaffenen, weil schon immer vorhanden gewesenen Weltall.

Wir wissen heute, daß dies ebenso unrichtig war (im rein naturwissenschaftlichen Sinne) wie die den Ursach-Wirkungs-Begriff fälschlich verabsolutierende Lehre der materialistischen Naturphilosophie. Wir wissen heute, daß das Weltall in fortlaufender Veränderung begriffen ist. Wir wissen auch, daß es vor zehn bis zwölf Milliarden Jahren aus explosivem Beginn entstanden ist. Die großen Radargeräte der »Radio-Astronomie« können ihn heute noch »hören«: Den »Urknall« des Weltbeginns.

So kann uns die neueste Naturwissenschaft doch einiges sagen, was zwar in keiner Weise eine Aufforderung, eine Ermahnung zur Besinnung bedeuten soll, aber doch Anlaß und Stoff zur Besinnung zu geben vermag.

Inhaltsverzeichnis

Vorwort
7

1. Neopositivismus und physikalische Erkenntnistheorie
9

2. Kausalität und Komplementarität
22

3. Beobachtung und Messung als Inhalt der Physik
35

4. Die beobachtbaren Größen in der Atomphysik
52

5. Die Zukunft der Physik
57

6. Die Beweiskraft der Quantentheorie
71

7. Die Erforschung des Mondes
76

8. Raumfahrt und Planetenforschung
100

9. Von der Theorie der Kontinental-Verschiebung
zur Theorie der Erdexpansion
121

10. Organische Verstärkerwirkungen
150

11. Biologie aus dem Blickwinkel der Physik
164

12. Über die exobiologische Hypothese
175

13. Die Einordnung der Parapsychologie
207

14. Erkenntnis und Besinnung
220